"十二五"职业教育国家规划教材

经全国职业教育教材审定委员会审定

PLC技术应用（汇川）

主　编　邓文新

副主编　纪毓涛

参　编　唐宇　付晖

主　审　曾祥富

机械工业出版社

CHINA MACHINE PRESS

本书是经全国职业教育教材审定委员会审定的"十二五"职业教育国家规划教材，是根据教育部于 2014 年公布的《中等职业学校电气运行与控制专业教学标准》，同时参考维修电工、电气设备安装工、常用电机检修工、变电设备安装工、电气值班员、电梯安装维修工等职业资格标准编写的。本书通过任务驱动的编写模式来体现知识、能力的培养目标以及一体化教学手段，以培养学生 PLC 编程与设备搭建等实践能力为目的，同时注重培养学生团队协作、共同进步的精神。通过典型、实用任务的实物模型的搭建和编程，使学生学会初步的编程知识和技巧，全面提高分析故障、解决问题的能力。

　　本书共分 5 个项目，内容包括设备指示灯的安装与调试、自动洗车传送系统的控制、水塔水位的控制、生产线的控制、包装机的控制。本书附录还提供了 PLC 常见故障的检修。

　　本书可作为中等职业学校电气运行与控制、电气技术应用、机电技术应用、电子技术应用等专业教材，也可作为电类相关岗位的培训教材。

　　为便于教学，本书配套有电子教案、助教课件、程序源代码等教学资源，选择本书作为教材的教师可通过 QQ（2607947860）索取，或登录 www.cmpedu.com 网站，注册后免费下载。

图书在版编目（CIP）数据

PLC 技术应用：汇川/邓文新主编．—北京：机械工业出版社，2015.9

"十二五"职业教育国家规划教材

ISBN 978-7-111-50591-4

Ⅰ.①P… Ⅱ.①邓… Ⅲ.①plc 技术 – 中等专业学校 – 教材

Ⅳ.①TM571.6

中国版本图书馆 CIP 数据核字（2015）第 136372 号

机械工业出版社（北京市百万庄大街 22 号　邮政编码 100037）

策划编辑：郑振刚　责任编辑：郑振刚　责任校对：刘雅娜

封面设计：张　静　责任印制：李　洋

北京机工印刷厂印刷（三河市南杨庄国丰装订厂装订）

2016 年 2 月第 1 版第 1 次印刷

184mm×260mm · 9.75 印张 · 239 千字

0 001—2 000 册

标准书号：ISBN 978-7-111-50591-4

定价：24.90 元

凡购本书，如有缺页、倒页、脱页，由本社发行部调换

电话服务　　　　　　　　　　网络服务

服务咨询热线：010-88379833　机 工 官 网：www.cmpbook.com

读者购书热线：010-88379649　机 工 官 博：weibo.com/cmp1952

　　　　　　　　　　　　　　教育服务网：www.cmpedu.com

封面无防伪标均为盗版　　　　金 书 网：www.golden-book.com

本书是根据教育部《关于中等职业教育专业技能课教材选题立项的函》（教职成司〔2012〕95号），由全国机械职业教育教学指导委员会和机械工业出版社联合组织编写的"十二五"职业教育国家规划教材，是根据教育部于2014年公布的《中等职业学校电气运行与控制专业教学标准》，同时参考维修电工、电气设备安装工、常用电机检修工、变电设备安装工、电气值班员、电梯安装维修工等职业资格标准编写的。

本书主要介绍可编程序控制器的程序编写与PLC控制装置的安装、调试、维护与检修，重点强调培养学生PLC控制装置的搭建与检修能力以及控制程序编写的逻辑思维能力，编写过程中力求体现以下的特色：

1）本书依据最新教学标准和课程大纲要求编写，学习完课程后学生能够熟知常用小型可编程序控制器的型号、结构、编程元件等，会连接相应外围电路，掌握小型可编程序控制器的基本指令、功能指令，能熟练应用可编程序控制器的指令与基本程序，编制、调试一般应用程序，能安装、维护简单的可编程序控制器控制装置，使学生能顺利地在工作岗位上对接职业标准，满足岗位需求，不仅能安装、检修和维护设备，还能编写简单的程序调试设备。

2）本书采用理实一体化的编写模式，坚持"以能力为本位，以职业实践为主线，以实训项目为主体的模块化专业课程体系"，突出了"做中教，做中学"的职业教育特色。

3）对理论编程的内容处理按照"必需、够用"的原则，删除了PLC工作原理以及单纯的指令格式等内容，保留了基础教学内容，只要学生会使用PLC基本指令和常见功能指令解决项目中的问题就可以了，使理论知识真正做到"必需、够用、实用"。

4）每一个任务分为"任务目标""任务准备""知识准备"和"任务实施"等环节并设计考评表格，从职业素养和专业能力两方面进行考核，真正培养学生全面发展的能力。

5）与企业专家共同制定本书的教学目标与项目内容，做到"企业要什么样的人，我们就培养什么样的学生；企业要什么样的知识储备，我们就教对应的知识"。

6）本书所有的实训内容均可实物搭建，每个任务完成后都能实现具体的功能，解决实际的问题，在提高学生学习兴趣的同时，还能进一步锻炼学生的动手能力和思维能力。

本书在内容处理上主要有以下几点说明：①本书以汇川H_{2U}系列PLC为蓝本，其他所选用的控制系统中的电气元件都是常用的，在电子市场及大部分实训室都可以找到；②其中几个大型控制系统均采用了实物搭建模型的方式，简化了设备，使教学成本大大降低，同时又完全不影响教学的效果；③本书建议学时为96学时，学时分配建议如下，供参考。

序号	章节	名　称	建议学时	共计学时
1	项目一	设备指示灯的安装与调试	16	
2	项目二	自动洗车传送系统的控制	16	
3	项目三	水塔水位的控制	16	96
4	项目四	生产线的控制	24	
5	项目五	包装机的控制	24	

全书由邓文新主编，曾祥富主审。具体编写分工如下：江西省电子信息工程学校唐宇编写项目一，青岛城阳职教中心纪毓涛编写项目二，邓文新编写项目三、附录，江西省电子信息工程学校付晖编写项目四、五。

本书经全国职业教育教材审定委员会审定，评审专家对本书提出了宝贵的建议，在此对他们表示衷心感谢！编写过程中，编者参阅了国内出版的有关教材和资料，在此一并表示衷心感谢！

由于编者水平有限，书中不妥之处在所难免，恳请读者批评指正。

编　者

目 录

项目一

设备指示灯的安装与调试

【项目目标】

1）选择合适的生产设备指示灯。
2）制作带冷压针头的连接线。
3）进行 PLC 正确的供电连接。
4）识读电路图，正确进行 I/O 口的线路连接。
5）AutoShop 编程软件安装与卸载。
6）编写起保停电路控制程序，并进行程序的下载与监控。
7）根据 PLC 面板上 I/O 指示灯的显示，调试程序。

【工作流程与内容】

任务一　PLC 的供电连接。
任务二　PLC I/O 接线端子的连接。
任务三　AutoShop 编程软件的安装。
任务四　设备指示灯控制程序的编写与调试。

某企业的流水生产线设备使用 PLC 控制，由于没有指示灯的显示，工人常常由于误操作而出现危险。现要求我们在生产线上加上合适的指示灯，显示不同的工作情景，指示生产人员进行对应的操作；设备安装需遵从国家电气安装相关要求，编辑程序符合现场指示灯功能要求。使用压线钳、内六角扳手、十字螺钉旋具等工具，规范操作，在 16 个课时内完成项目。

任务一　PLC 的供电连接

【任务目标】

通过教师讲解并示范使学生学会进行 PLC 供电连接并选择合适的生产设备指示灯。

【任务准备】

汇川 H$_{2U}$-1616MT PLC 、生产设备指示灯。

【知识准备】

一、PLC 的概述

1. PLC 介绍

（1）介绍　早期的可编程序控制器称作可编程序逻辑控制器（Programmable Logic Controller，PLC），它主要用来代替继电器实现逻辑控制。随着技术的发展，这种采用微型计算机技术的工业控制装置的功能已经大大超过了逻辑控制的范围，因此，今天这种装置称作可编程序控制器，简称 PC。但是为了避免与个人计算机（Personal Computer）的简称混淆，所以将可编程序控制器简称 PLC。

（2）发展史　1968 年美国通用汽车公司提出取代继电器控制装置的要求；

1969 年，美国数字设备公司研制出了第一台可编程序逻辑控制器 PDP-14，在美国通用汽车公司的生产线上试用成功，首次采用程序化的手段应用于电气控制，这是第一代可编程序逻辑控制器，是世界上公认的第一台 PLC。

1969 年，美国研制出世界第一台 PDP-14；

1971 年，日本研制出第一台 DCS-8；

1973 年，德国西门子公司（SIEMENS）研制出欧洲第一台 PLC，型号为 SIMATIC S4；

1974 年，中国研制出第一台 PLC，1977 年开始工业应用。

2. PLC 的种类

市面上常见的 PLC 类型有德国的西门子 PLC，如图 1-1 所示；日本的三菱 PLC，如图 1-2 所示；日本的欧姆龙 PLC，如图 1-3 所示；中国的台达 PLC，如图 1-4 所示；中国的汇川 PLC，如图 1-5 所示等。本书以汇川 H$_{2U}$-1616MT PLC 为例来介绍 PLC 的组成、作用及应用等。

二、PLC 的型号、结构与功能

1. PLC 命名规则

不同企业的 PLC 产品命名规则也不尽相同，此处以 H$_{2U}$-1616MT 为例说明汇川 PLC 的

图 1-1　西门子 PLC

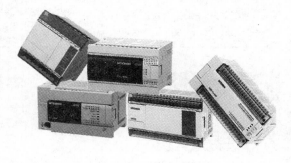

图 1-2　三菱 PLC

图 1-3 欧姆龙 PLC

图 1-4 台达 PLC

图 1-5 汇川 PLC

命名规则。

H₂U-1616MTAX
① ② ③ ④ ⑤ ⑥ ⑦ ⑧

① 公司产品信息　　　　　　H：汇川控制器

② 系列号　　　　　　　　　2U：第二代控制器

③ 输入点数　　　　　　　　16：16 点输入

④ 输出点数　　　　　　　　16：16 点输出

⑤ 模块分类　　　　　　　　M：通用控制器主模块；P：定位型控制器；N：网络型控制器；E：扩展模块

⑥ 输出类型　　　　　　　　R：继电器输出类型；T：晶体管输出类型

⑦ 供电电源类型　　　　　　A：AC 220V 输入，省略为默认 AC 220V；B：AC 110V 输入；C：AC 24V 输入；D：DC 24V

⑧ 特殊功能标识位　　　　　如高速输入输出功能、模拟量功能等。

2. PLC 的硬件组成

　　PLC 的硬件主要由中央处理器（CPU）、存储器、输入单元、输出单元、通信接口、扩展接口电源等部分组成。其中，CPU 是 PLC 的核心，输入单元与输出单元是连接现场输入/输出设备与 CPU 之间的接口电路，通信接口用于与编程器、上位计算机等外设连接。

　　（1）硬件系统　硬件系统简化框图，如图 1-6 所示。

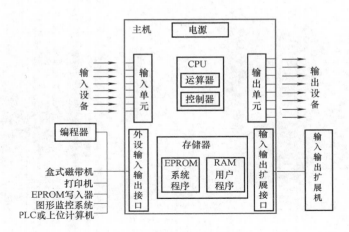

图 1-6　PLC 硬件系统简化框图

（2）PLC 硬件组成

1）电源：提供能源。

① 内部——开关稳压电源，供内部电路使用；大多数机型还可以向外提供 DC 24V 稳压电源，为现场的开关信号、外部传感器供电。

② 外部——可用一般工业电源，并备有锂电池（备用电池），使外部电源发生故障时内部重要数据不致丢失。

2）CPU：是 PLC 的核心部分。与通用微机 CPU 一样，CPU 在 PC 系统中的作用类似于人体的神经中枢。

在 PLC 中 CPU 按系统程序赋予的功能，指挥 PLC 有条不紊地进行工作，归纳起来主要有以下几个方面：

① 接收从编程器输入的用户程序和数据。

② 诊断电源、PLC 内部电路的工作故障和编程中的语法错误等。

③ 通过输入接口接收现场的状态或数据，并存入输入映像寄存器或数据寄存器中。

④ 从存储器逐条读取用户程序，经过解释后执行。

⑤ 根据执行的结果，更新有关标志位的状态和输出映像寄存器的内容，通过输出单元实现输出控制。有些 PLC 还具有制表打印或数据通信等功能。

3）存储器：存储器主要有两种：一种是可读/写操作的随机存储器 RAM，又被称为用户存储器，另一种是只读存储器 ROM、PROM、EPROM 和 EEPROM，又被称为系统存储器。在 PLC 中，存储器主要用于存放系统程序、用户程序及工作数据。

4）输入单元：PLC 通过输入接口可以检测被控对象的各种数据，以这些数据作为 PLC 对被控制对象进行控制的依据；同时 PLC 又通过输出接口将处理结果送给被控制对象，以实现控制目的。

由于外部输入设备和输出设备所需的信号电平是多种多样的，而 PLC 内部 CPU 处理的信息只能是标准电平，所以 I/O 接口要实现这种转换。I/O 接口一般都具有光电隔离和滤波功能，以提高 PLC 的抗干扰能力。另外，I/O 接口上通常还有状态指示，工作状况直观，便于维护。

PLC 提供了多种操作电平和驱动能力的 I/O 接口，有各种各样功能的 I/O 接口供用户选用。I/O 接口的主要类型有：数字量（开关量）输入、数字量（开关量）输出、模拟量输入、模拟量输出等。

常用的开关量输入接口按其使用的电源不同有三种类型：直流输入接口、交流输入接口和交/直流输入接口。

5）输出单元：常用的开关量输出接口按输出开关器件不同有三种类型：继电器输出（R）、晶体管输出（T）和双向晶闸管输出（S）。继电器输出接口可驱动交流或直流负载，但其响应时间长，动作频率低；晶体管输出和双向晶闸管输出接口的响应速度快，动作频率高，但前者只能用于驱动直流负载，后者只能用于交流负载。

6）外设输入输出接口：PLC 配有各种通信接口，这些通信接口一般都带有通信处理器。PLC 通过这些通信接口可与监视器、打印机、其他 PLC、计算机等设备实现通信。PLC 与打印机连接，可将过程信息、系统参数等输出打印；与监视器连接，可将控制过程图像显示出来；与其他 PLC 连接，可组成多机系统或联成网络，实现更大规模控制；与计算机连接，可组成多级分布式控制系统，实现控制与管理相结合。

7）输入输出扩展接口：除了以上所述的部件和设备外，PLC 还有许多外部设备，如 EPROM 写入器、外存储器、人/机接口装置等。

EPROM 写入器是用来将用户程序固化到 EPROM 存储器中的一种 PLC 外部设备。为了使调试好的用户程序不易丢失，经常用 EPROM 写入器将 PLC 内 RAM 保存到 EPROM 中。

PLC 内部的半导体存储器称为内存储器。有时可用外部的磁带、磁盘和用半导体存储器做成的存储盒等来存储 PLC 的用户程序，这些存储器件称为外存储器。外存储器一般是通过编程器或其他智能模块提供的接口，实现与内存储器之间相互传送用户程序。

人/机接口装置是用来实现操作人员与 PLC 控制系统的对话。最简单、最普遍的人/机接口装置由安装在控制台上的按钮、转换开关、拨码开关、指示灯、LED 显示器、声光报警器等器件构成。对于 PLC 系统，还可采用半智能型 CRT 人/机接口装置和智能型终端人/机接口装置。半智能型 CRT 人/机接口装置可长期安装在控制台上，通过通信接口接收来自 PLC 的信息并在 CRT 上显示出来；而智能型终端人/机接口装置有自己的微处理器和存储器，能够与操作人员快速交换信息，并通过通信接口与 PLC 相连，也可作为独立的节点接入 PLC 网络。

3. PLC 的特点

（1）可靠性高，抗干扰能力强　为了防止故障的发生或者在发生故障时，能很快查出故障发生点，并将故障限制在局部。各 PLC 的生产厂商在硬件和软件方面采取了多种措施，使 PLC 除了本身具有较强的自诊断能力，能及时给出出错信息，停止运行等待修复外，还使其具有了很强的抗干扰能力。

（2）通用性强，控制程序可变，使用方便　PLC 品种齐全的各种硬件装置，可以组成能满足各种要求的控制系统，用户不必自己再设计和制作硬件装置。用户在硬件确定以后，在生产工艺流程改变或生产设备更新的情况下，不必改变 PLC 的硬设备，只需改编程序就可以满足要求。因此，PLC 除应用于单机控制外，在工厂自动化中也被大量采用。

（3）功能强，适应面广　现代 PLC 不仅有逻辑运算、计时、计数、顺序控制等功能，还具有数字和模拟量的输入输出、功率驱动、通信、人机对话、自检、记录显示等功能。既可控制一台生产机械、一条生产线，又可控制一个生产过程。

（4）编程简单，容易掌握　目前，大多数PLC仍采用继电控制形式的梯形图编程方式。既继承了传统控制线路的清晰直观，又考虑到大多数工厂企业电气技术人员的读图习惯及编程水平，所以非常容易接受和掌握。PLC在执行梯形图程序时，用解释程序将它翻译成汇编语言然后执行（PLC内部增加了解释程序）。与直接执行汇编语言编写的用户程序相比，执行梯形图程序的时间要长一些，但对于大多数机电控制设备来说，是微不足道的，完全可以满足控制要求。

（5）减少了控制系统的设计及施工的工作量　由于PLC采用了软件来取代继电器控制系统中大量的中间继电器、时间继电器、计数器等器件，控制柜的设计安装接线工作量大为减少。同时，PLC的用户程序可以在实验室模拟调试，更减少了现场的调试工作量。并且，由于PLC的低故障率及很强的监视功能、模块化等，使维修也极为方便。

（6）体积小、重量轻、功耗低、维护方便　PLC是将微电子技术应用于工业设备的产品，其结构紧凑、坚固、体积小、重量轻、功耗低。并且由于PLC的强抗干扰能力，易于装入设备内部，所以是实现机电一体化的理想控制设备。

相比传统PLC而言，汇川H_{2U}-1616MT PLC的特点是：程序存储空间大，无需外部扩展内存卡即可达24K步；模块内部集成了大容量电源，可直接给传感器、HMI、外部中间继电器等提供电源；提供多通道高频率高速输入输出端口，丰富的运动和定位控制功能；集成两个独立通信口，提供了丰富的通信协议，提供MODBUS指令，方便系统集成；提供完备的加密功能，保护用户知识产权。

三、PLC的工作原理

1. 扫描方式

当PLC投入运行后，其工作过程一般分为三个阶段，即输入采样、用户程序执行和输出刷新。完成上述三个阶段称作一个扫描周期。在整个运行期间，PLC的CPU以一定的扫描速度重复执行上述三个阶段。

（1）输入采样阶段　在输入采样阶段，PLC以扫描方式依次地读入所有输入状态和数据，并将它们存入I/O映像区中的相应的单元内。输入采样结束后，转入用户程序执行和输出刷新阶段。在这两个阶段中，即使输入状态和数据发生变化，I/O映像区中的相应单元的状态和数据也不会改变。因此，如果输入是脉冲信号，则该脉冲信号的宽度必须大于一个扫描周期，才能保证在任何情况下，该输入均能被读入。

（2）用户程序执行阶段　在用户程序执行阶段，PLC总是按由上而下的顺序依次地扫描用户程序（梯形图）。在扫描每一条梯形图时，又总是先扫描梯形图左边的由各触点构成的控制线路，并按先左后右、先上后下的顺序对由触点构成的控制线路进行逻辑运算，然后根据逻辑运算的结果，刷新该逻辑线圈在系统RAM存储区中对应位的状态；或者刷新该输出线圈在I/O映像区中对应位的状态；或者确定是否要执行该梯形图所规定的特殊功能指令。即在用户程序执行过程中，只有输入点在I/O映像区内的状态和数据不会发生变化，而其他输出点和软设备在I/O映像区或系统RAM存储区内的状态和数据都有可能发生变化，而且排在上面的梯形图，其程序执行结果会对排在下面的（凡是用到这些线圈或数据的）

梯形图起作用；相反，排在下面的梯形图，其被刷新的逻辑线圈的状态或数据只能到下一个扫描周期才能对排在其上面的程序起作用。

在程序执行的过程中如果使用立即 I/O 指令，则可以直接存取 I/O 点的数据。即使使用 I/O 指令，输入过程影像寄存器的值也不会被更新，程序直接从 I/O 模块取值，输出过程影像寄存器会被立即更新，这跟立即输入有些区别。

（3）输出刷新阶段 当扫描用户程序结束后，PLC 就进入输出刷新阶段。在此期间，CPU 按照 I/O 映像区内对应的状态和数据刷新所有的输出锁存电路，再经输出电路驱动相应的外设。这时，才是 PLC 的真正输出。

2. 内部运作方式

虽然 PLC 所使用的梯形图中往往用到许多继电器、计时器和计数器等，但 PLC 内部并非实体上具有这些硬件，而是以内存与程式编程方式做逻辑控制编辑，并借由输出元件连接外部机械装置做实体控制。因此大大减少了控制器所需的硬件空间。实际上 PLC 执行梯形图的运作方式是先逐行地将梯形图以扫描方式读入 CPU 中，并最后执行从而控制运作。

整个扫描过程包括三大步骤："输入状态检查""程式执行""输出状态更新"，说明如下：

步骤一 "输入状态检查"：PLC 首先检查输入端元器件所连接的各点开关或传感器状态（1 或 0 代表开或关），并将其状态写入内存中对应的位置 Xn。

步骤二 "程式执行"：将阶梯图程式逐行读入 CPU 中运算，若程式执行中需要输入接点状态，CPU 直接自内存中查询取出。输出线圈的运算结果则存入内存中对应的位置，暂不反应至输出端 Yn。

步骤三 "输出状态更新"：将步骤二中的输出状态更新至 PLC 输出部接点，并且重回步骤一。

此三步骤称为 PLC 的扫描周期，而完成所需的时间称为 PLC 的反应时间，PLC 输入信号的时间若小于此反应时间，则有误读的可能性。每次程式执行后与下一次程式执行前，输出与输入状态会被更新一次，因此称此种运作方式为输出输入端"程式结束再生"。

四、汇川 H_{2U}-1616MT PLC 的通电连线

1）汇川 H_{2U}-1616MT PLC 的面板结构如图 1-7 所示。

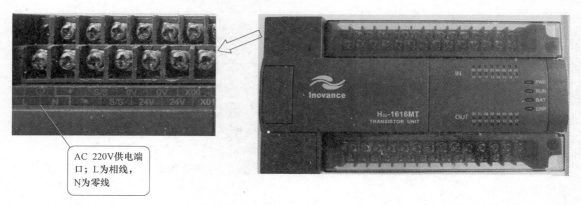

AC 220V供电端口；L为相线，N为零线

图 1-7　面板结构

2）汇川 H$_{2U}$-1616MT PLC 的通电连线如图 1-8 所示。

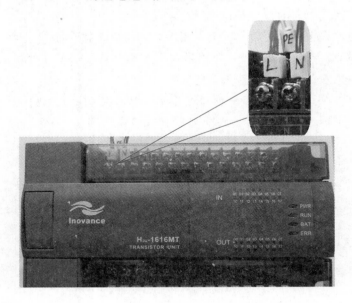

图 1-8　PLC 通电连线

五、按钮指示灯颜色规范

1）表 1-1 列出了国标 GB/T 4025—2010 中常用按钮指示灯颜色。

表 1-1　常用按钮指示灯颜色

颜色	含义		
	人身或环境的安全	过程状态	设备状态
红	危险	紧急	故障
黄	警告、注意	异常	异常
绿	安全	正常	正常
蓝	指令性含义		
白、灰、黑	未赋任何具体含义		

2）依据国标要求，并结合生产现场实际情况，规定如下：

① 起动、运行、接通用绿颜色按钮，常开触点；相应的状态指示采用绿颜色指示灯。

② 停止、断开用红颜色的按钮，常闭触点；相应的状态指示采用红颜色指示灯。

③ 正常运行、安全状态用绿颜色的指示灯；危险、告急等状态指示用红颜色的指示灯。

④ 除此以外其他功能或者状态指示可以参照国标，酌情使用黄、蓝、黑、灰、白颜色的按钮和指示灯。

⑤ 紧急停止时必须使用红颜色蘑菇头型按钮，且采用旋转复位，并有紧急停止标志。

【任务实施】

按照如图 1-8 所示，正确连接 PLC 电源接线，并使用号码管标注。接通电源后，PWR 指示灯发光，表示 PLC 通电成功。

【任务评价】

在表 1-2 中，评价结论以"很满意、比较满意、还要加油哦"等方式进行，因为它能更有效地帮助和促进学生发展。小组成员互评时，在你认为合适的地方打"√"。组长和教师评价考核时，采用优（A）、良（B）、中（C）、差（D）四个等级。

表 1-2 任务评价

项目	评价内容	自我评价		
		很满意	比较满意	还要加油哦
职业素养考核项目	安全意识、责任意识强；工作严谨、敏捷			
	学习态度主动；积极参加教学安排的活动			
	团队合作意识强；注重沟通，相互协作			
	劳动保护穿戴整齐；干净、整洁			
	仪容仪表符合活动要求；朴实、大方			
专业能力考核项目	按时按要求完成 PLC 电源线的连接			
	号码管的标注清晰到位，且字面向上			
	通电测试，PLC 能正常通电			
	按照要求，采取正确的电线颜色接线			
小组评价意见		综合等级	组长（签名）：	
教师评价意见		综合等级	教师（签名）：	

任务二 PLC I/O 接线端子的连接

【任务目标】

通过教师讲解示范使学生能掌握 PLC I/O 口的接线方法，并学会制作带冷压针的导线，进行 PLC I/O 口线路的连接。

【任务准备】

汇川 H_{2U}-1616MT PLC、冷压针、压线钳、剥线钳、导线、斜口钳等。

【知识准备】

一、PLC 输入/输出（I/O）接线端子的排布图

PLC 输入/输出（I/O）接线端子的排布图，如图1-9、图1-10所示。

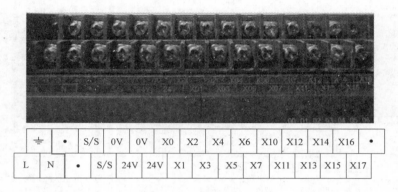

| ⏚ | • | S/S | 0V | 0V | X0 | X2 | X4 | X6 | X10 | X12 | X14 | X16 | • |
| L | N | • | S/S | 24V | 24V | X1 | X3 | X5 | X7 | X11 | X13 | X15 | X17 |

图1-9　PLC 输入接线端子

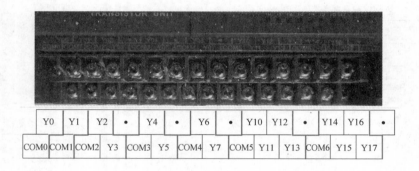

| Y0 | Y1 | Y2 | • | Y4 | • | Y6 | • | Y10 | Y12 | • | Y14 | Y16 | • |
| COM0 | COM1 | COM2 | Y3 | COM3 | Y5 | COM4 | Y7 | COM5 | Y11 | Y13 | COM6 | Y15 | Y17 |

图1-10　PLC 输出接线端子

二、PLC 的接线端子

1）输入接线端子如图1-11所示。

L：AC220V 电源相线接线端；N：AC220V 电源零线接线端；⏚：电源保护接地端；S/S：为公共接线端；24V：PLC 内置开关电源 24V 接线端；0V：PLC 内置开关电源 0V 接线端；X0~X7、X10~X17：PLC 输入接线端，主要连接按钮、开关、传感器等。

>> **注意**　① S/S 的连接方式决定了 PLC 是漏型输入还是源型输入。"S/S"端子和"24V"端子短接，为漏型输入接法；"S/S"端子和"0V"端子短接，为源型输入接法；通常情况下采用漏型输入接法，特殊应用场合可采用源型接法。

② 在外接开关元件时，不需要再接入 24V 的直流电源。

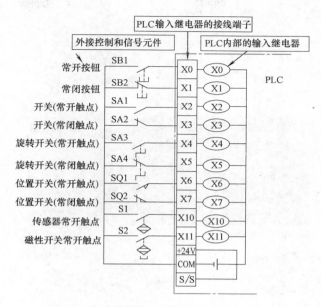

图 1-11　输入接线端子

2）输出接线端子如图 1-12 所示。

Y0 ~ Y7、Y10 ~ Y17：PLC 输出接线端，主要连接指示灯、电动机等；COM0 ~ COM6：PLC 输出公共接线端，每一组共用一个公共端，组与组之间隔离。

>> **注意**　晶体管输出方式（MT）在外接输出设备时，只能接直流负载，而继电器输出方式（MR）在外接输出设备时，可以是 DC24V 的指示灯、线圈等，也可以是 AC220V 的交流接触器线圈，或者是 AC380V 的电动机。但要注意的是，使用不同电源的输出，COM 口不能混淆在一起，避免电源不同引起的故障。

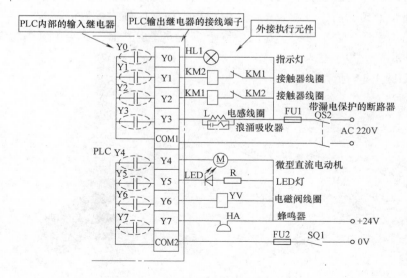

图 1-12　输出接线端子

3）PLC外部接线示意图如图1-13所示。

图1-13　PLC外部接线示意图

三、带冷压针连接线的制作方法

1. 使用工具

（1）剥线钳

1）外形如图1-14所示。

2）使用方法：

① 根据导线的粗细型号，选择相应的剥线刀口。

② 将准备好的导线放在剥线工具的刀刃中间，选择好要剥线的长度。

③ 握住剥线工具手柄，将导线夹住，缓缓用力使导线外表皮慢慢剥落。

④ 松开工具手柄，取出导线，这时导线金属整齐露出外面，其余绝缘塑料完好无损。

（2）压线钳

1）外形如图1-15所示。

2）使用方法：

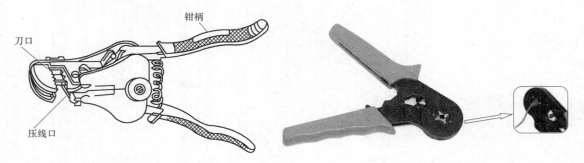

图1-14　剥线钳外形结构图　　　　　　　图1-15　压线钳外形

① 将套有导线的冷压针放入压线钳的钳口中，冷压针的金属部分应完全放入钳口。

② 握住压线钳工具手柄，将冷压针夹住，缓缓用力使冷压针压接成方柱状。

③ 松开工具手柄，取出冷压针，这时冷压针与导线牢固的压接在一起。

（3）斜口钳

1）外形如图 1-16 所示。

图 1-16　斜口钳外形

2）使用方法：

斜口钳的刀口可用来剖切软电线的橡胶或塑料绝缘层。钳子的刀口也可用来切剪电线、铁丝。剪 8 号镀锌铁丝时，应用刀刃绕表面来回割几下，然后只需轻轻一扳，铁丝即断。斜口钳的铡口也可以用来切断电线、钢丝等较硬的金属线。电工常用的有 150mm、175mm、200mm 及 250mm 等多种规格。可根据内线或外线施工工种的需要选购。钳子的齿口也可用来紧固或拧松螺母。

使用工具的人员，必须熟知工具的性能、特点、使用、保管、维修及保养方法。使用钳子是用右手操作。将钳口朝内侧，便于控制钳切部位，用小指伸在两钳柄中间来抵住钳柄，张开钳头，这样分开钳柄灵活。

2. 制作步骤：

带冷压针的连接线的制作步骤如图 1-17 所示。

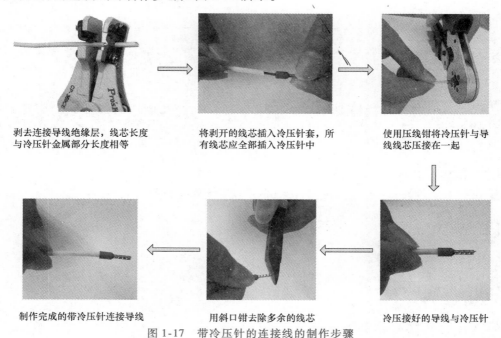

剥去连接导线绝缘层，线芯长度与冷压针金属部分长度相等　　将剥开的线芯插入冷压针套，所有线芯应全部插入冷压针中　　使用压线钳将冷压针与导线线芯压接在一起

制作完成的带冷压针连接导线　　用斜口钳去除多余的线芯　　冷压接好的导线与冷压针

图 1-17　带冷压针的连接线的制作步骤

【任务实施】

按照如图 1-17 所示，制作带冷压针的 I/O 口的连接线，并按图进行正确的连接。

【任务评价】

在表 1-3 中，评价结论以"很满意、比较满意、还要加油哦"等方式进行，因为它能更有效地帮助和促进学生发展。小组成员互评时，在你认为合适的地方打"√"。组长和教师评价考核时，采用优（A）、良（B）、中（C）、差（D）四个等级。

表 1-3　任务评价

项目	评价内容	自我评价		
		很满意	比较满意	还要加油哦
职业素养考核项目	安全意识、责任意识强；工作严谨、敏捷			
	学习态度主动；积极参加教学安排的活动			
	团队合作意识强；注重沟通，相互协作			
	劳动保护穿戴整齐；干净、整洁			
	仪容仪表符合活动要求；朴实、大方			
专业能力考核项目	按时按要求完成带冷压针的连接线的制作安装			
	剥去导线，不得损害线芯，并使导线线芯金属裸露			
	导线的截面要与冷压针的规格相符			
	冷压针是否连接到位			
小组评价意见		综合等级	组长（签名）：	
教师评价意见		综合等级	教师（签名）：	

任务三　AutoShop 编程软件的安装

【任务目标】

通过教师讲解使学生能掌握进行 AutoShop 编程软件的安装与卸载。

【任务准备】

计算机、AutoShop 编程软件。

【知识准备】

一、PLC 软硬件连接

PLC 软硬件连接编程所需硬件与软件，如图 1-18 所示。

1）H_{2U}-1616MT PLC 主机模块。

2）RS-232 通信线。

3）计算机或编程器。

4）AutoShop 编程软件。

图 1-18　PLC 编程硬件与软件示意图

二、PLC 编程软件的介绍

不同的厂家生产的 PLC 在编程时使用的编程软件也不同，例如三菱 PLC 使用 Fxgpwin 编程软件，西门子使用 STEP7-Micro/WIN32 编程软件，而汇川 PLC 使用的是 AutoShop 编程软件。

1. AutoShop 编程软件介绍

汇川 AutoShop 编程软件支持三种常用的语言：梯形图（LD），指令列表（IL）和顺序功能图（SFC）。主程序可以使用上述三种编程语言中的任意一种来编写，但是子程序和中断子程序只能使用梯形图或者指令列表编写。另外，顺序功能图中的内置程序只能使用梯形图编写。

2. AutoShop 编程软件安装环境

AutoShop 编程软件适用于 Windows 95/98/2000/xp /Win7 操作系统等。运行 AutoShop 编程软件计算机最低配置：

1）CPU：奔腾 300MB 以上。

2）内存：32MB 以上（最好是 64MB 以上）。

3）硬盘：80MB。

4）显示器：800×600，16bit 以上。

3. 安装注意事项

退出所有杀毒软件，特别是 360 杀毒。

4. 安装步骤

1）从官网上下载编程软件"AutoShop V2.03"安装包，打开软件安装包，如图 1-19 所示。

2）双击"　　　"进行软件安装，进入软件安装向导界面，如图 1-20 所示。

3）单击"下一步"，进入"选择安装文件夹"界面，如图 1-21 所示。

图 1-19　软件安装包

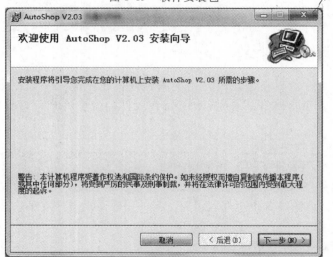

图 1-20　软件安装向导

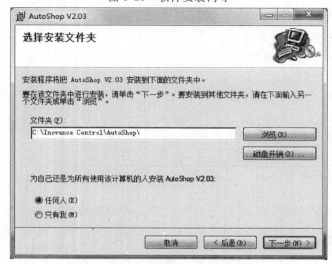

图 1-21　选择安装文件夹

4）选择好软件安装的文件夹后，单击"下一步"，进入"确认安装"界面，如图1-22所示。

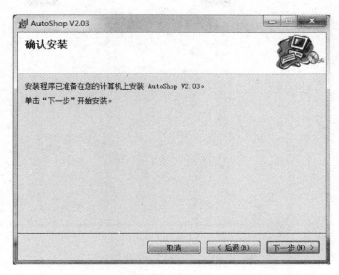

图 1-22　确认安装

5）单击"下一步"开始安装软件，软件安装成功后，弹出"安装完成"界面，如图1-23所示。

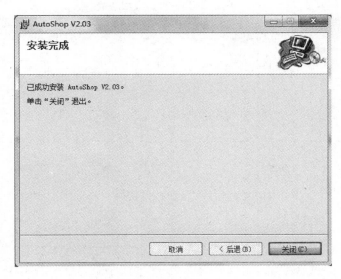

图 1-23　安装完成

6）单击"关闭"退出。至此，已成功安装 AutoShop 编程软件。

三、AutoShop 编程软件界面介绍

1）双击桌面" "快捷键图标，打开 AutoShop 编程软件，即可进入如图1-24 所示的软件界面。

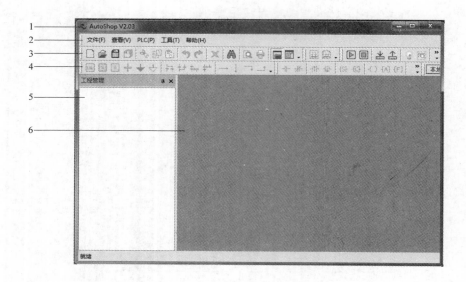

图 1-24 AutoShop 编程软件界面

1—标题栏 2—菜单栏 3—常用操作工具栏 4—梯形图编程工具栏
5—工程管理列表 6—编程区域

常用操作工具栏功能说明见表 1-4。

表 1-4 常用操作工具栏功能

序号	图标	说明	快捷键	序号	图标	说明	快捷键
1		新建工程	Ctrl + N	8		撤销	Ctrl + Z
2		打开工程	Ctrl + O	9		恢复	Ctrl + Y
3		保存所有文件		10		删除	Delete
4		保存工程		11		查找	Ctrl + F
5		剪切	Ctrl + X	12		打印预览	
6		复制	Ctrl + C	13		打印	Ctrl + P
7		粘贴	Ctrl + V	14		切换工程管理窗口	

（续）

序号	图标	说明	快捷键	序号	图标	说明	快捷键
15		切换信息输出窗口		23		时序监控图	Ctrl + T
16		编译	Ctrl + F7	24		在线修改	
17		全部编译	F7	25		写入	F4
18		运行	F5	26		测试通信状态	
19		停止	F6	27		插入网络	Shift + N
20		下载	F8	28		删除网络	Shift + D
21		上载	F9	29		行插入	Shift + Insert
22		监控	F3	30		行删除	Shift + Delete

2）起动编程软件后，首先需要为编写的程序创建一个工程。单击"文件"菜单下的"新建工程"菜单项，软件弹出如图1-25所示的对话框。

新建工程对话框中，可根据工程是临时性使用还是长久保存使用来选择工程模式，若选择"新建工程"，就必须设定工程名和保存路径；若选择"临时工程"，则不会出现"工程名"和"保存路径"，所以不需要设定工程名和保存路径。PLC类型就根据实际使用的PLC型号来选择；默认编辑器应根据编程用的具体编程语言来选择；为方便对程序的理解可在工程描述进行适当的描述，也可不描述。设置完成后单击"确定"完成新建工程，此时编程界面变成如图1-26所示样式。

图1-25　"新建工程"对话框

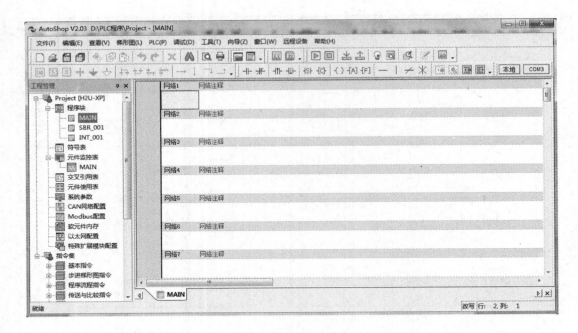

图 1-26　AutoShop 编程界面

【任务实施】

1）在电脑上进行 AutoShop 编程软件的安装与卸载，请将软件安装在电脑中 D 盘（工具盘），以 AutoShop 命名；软件安装成功后进行新建工程，并在电脑中 E 盘创建以自己的姓名命名的文件夹，将新建工程命名后存放在里面。

2）在帮助菜单中查找下载程序的步骤，并描述出来。

3）在帮助菜单中查找常用软元件及字母表示，并描述出来。

【任务评价】

在表 1-5 中，评价结论以"很满意、比较满意、还要加油哦"等方式进行，因为它能更有效地帮助和促进学生发展。小组成员互评时，在你认为合适的地方打"√"。组长和教师评价考核时，采用优（A）、良（B）、中（C）、差（D）四个等级。

表 1-5　任务评价

项目	评价内容	自我评价		
		很满意	比较满意	还要加油哦
职业素养考核项目	安全意识、责任意识强；工作严谨、敏捷			
	学习态度主动；积极参加教学安排的活动			
	团队合作意识强；注重沟通，相互协作			
	劳动保护穿戴整齐；干净、整洁			
	仪容仪表符合活动要求；朴实、大方			

（续）

项目	评价内容	自我评价		
		很满意	比较满意	还要加油哦
专业能力考核项目	能进行 AutoShop 编程软件的安装与卸载			
	能将新建工程存放在指定的位置			
	描述程序的下载步骤			
	描述常用软元件及字母表示			
小组评价意见		综合等级		组长（签名）：
教师评价意见		综合等级		教师（签名）：

任务四　设备指示灯控制程序的编写与调试

【任务目标】

通过教师讲解使学生能进行设备指示灯的安装与控制程序的编辑与调试。

【任务准备】

计算机、AutoShop 编程软件、汇川 H_{2U}-1616MT PLC、连接线等。

【知识准备】

一、用 PLC 实现控制的基本工作步骤

1）理解实训任务的内容与控制要求。

2）绘制 PLC 的 I/O 接线图或 I/O 分配表。

3）根据 PLC I/O 接线图或 I/O 分配表完成 PLC 与外接输入元件和输出元件的接线。

4）根据控制要求，用计算机编程软件编写梯形图程序或指令程序，并将编写好的 PLC 程序从计算机传送到 PLC。

5）执行程序，将程序调试到满足任务的控制要求。

二、编程方法

梯形图与指令表的区别如图 1-27 所示。

1. 梯形图

1）定义：梯形图（LadderLogic Programming Language，LAD）是 PLC 使用得最多的图形编程语言，被称为 PLC 的第一编程语言。

2）特点：梯形图语言沿袭了继电器控制电路的形式，梯形图是在常用的继电器与接触器逻辑控制基础上简化了符号演变而来的，具有形象、直观、实用等特点，电气技术人员容

易接受，是目前运用最多的一种 PLC 的编程语言。

3）组成：左、右母线。

在 PLC 程序图中，左、右母线类似于继电器—接触器控制系统中的电源线，输出线圈类似于负载，输入触点类似于按钮。梯形图由若干梯级构成，自上而下排列，每个梯级起于左母线，经过触点与线圈，止于右母线。

2. 指令表

1）定义：指令表编程语言是与汇编语言类似的一种助记符编程语言，与汇编语言一样由操作码和操作数组成。

2）特点：采用助记符来表示操作功能，容易记忆，便于掌握；在手持编程器的键盘上采用助记符表示，便于操作，可在无计算机的场合进行编程设计；与梯形图有一一对应关系。其特点与梯形图语言基本一致。

3）适用场合：在无计算机的情况下，适合采用 PLC 手持编程器对用户程序进行编制。同时，指令表编程语句与梯形图的梯级一一对应，在 PLC 编程软件下可以相互转换。

3. SFT

1）定义：SFT 图又被称之为顺序功能流程图语言，它是为了满足顺序逻辑控制而设计的编程语言。

2）特点：以功能为主线，按照功能流程的顺序分配，条理清楚，便于对用户程序理解；避免梯形图或其他语言不能顺序动作的缺陷，同时也避免了用梯形图语言对顺序动作编程时，由于机械互锁造成用户程序结构复杂、难以理解的缺陷；用户程序扫描时间也大大缩短。

3）使用场合：编程时将顺序流程动作的过程分成步和转换条件，根据转移条件对控制系统的功能流程顺序进行分配，一步一步地按照顺序动作。每一步代表一个控制功能任务，用方框表示。在方框内含有用于完成相应控制功能的梯形图逻辑。这种编程语言使程序结构清晰，易于阅读及维护，大大减轻编程的工作量，缩短编程和调试时间。用于系统的规模较大、程序关系较复杂的场合。

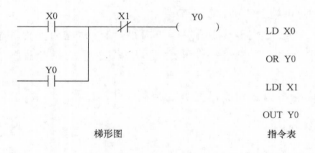

图 1-27 梯形图与指令表的区别

三、从电路图过渡到梯形图

1）电路图与梯形图的区别与联系如图 1-28 所示。

2）PLC 梯形图的常用图形符号见表 1-6 所示。

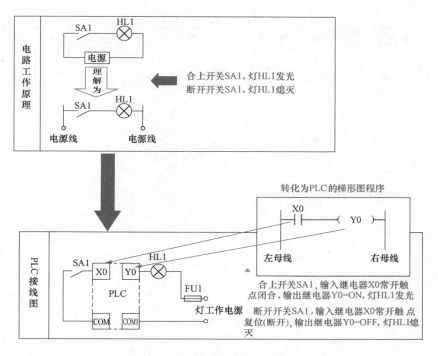

图 1-28　电路图与梯形图区别与联系示意图

表 1-6　常用梯形图编程指令

常开触点	常闭触点	上沿脉冲触点	下沿脉冲触点	状态元件	功能元件
⊣├	⊣/├	⊣↑├	⊣↓├	□□	─[　　　]

母线	输出元件	定时器	计数器
│	─(　)	──(T0 K10)	──(C0 K10)

四、三种起保停电路的介绍

1. 两个常开按钮控制的起保停电路的控制

（1）控制内容与要求　用 PLC 实现 2 个常开按钮对 1 个灯的控制。按下常开按钮 SB1，灯 HL1 发光并保持；按下常开按钮 SB2，灯 HL1 熄灭。

（2）基本指令　PLC 基本指令见表 1-7。

表 1-7　PLC 基本指令表

基本指令	指令逻辑	指令功能	梯形图表示（例）	指令表达
LD	取	左母线开始（常开触点）	⊣X0├──(Y0)	LD X0

（续）

基本指令	指令逻辑	指令功能	梯形图表示（例）	指令表达
ANI	与反	串联常闭触点	X0　　X1 ─┤├──┤／├──（ Y0 ）	LD X0 ANI X1
OR	或	并联常开触点	X0 ──┤├──（ Y0 ） X1 ──┤├──	LD X0 OR X1
OUT	输出	线圈驱动	X0 ──┤├──（ Y0 ）	LD X0 OUT Y0
END	结束	程序结束	X0　　X1 ──┤├──┤├──（ Y0 ） Y0 ──┤├── ───────[END]	LD X0 OR Y0 AND X1 OUT YO END

（3）分析基本工作步骤

1）了解任务中要接到 PLC 输入端与输出端的硬元件，以及输出执行元件的工作电源。

接 PLC 输入端：常开按钮 SB1、常开按钮 SB2。

接 PLC 输出端：指示灯 HL1（指示灯工作电源：DC24V）。

2）进行 PLC I/O 端分配。

PLC 输入端：X0 接常开按钮 SB1、X1 接常开按钮 SB2。

PLC 输出端：Y0 接指示灯 HL1。

3）画 I/O 分配表见表 1-8。

表 1-8　两个常开按钮控制的起保停电路的 I/O 分配表

输 入			输 出		
序号	说明	地址编号	序号	说明	地址编号
1	起动按钮	X0	1	指示灯	Y0
2	停止按钮	X1			

4）绘制 PLC 电气控制原理图，根据原理图在设备上进行接线。

5）根据控制要求使用编程软件编写 PLC 程序，如图 1-29 所示。

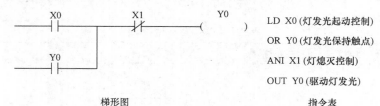

　　　　　梯形图　　　　　　　　　　　　　指令表

图 1-29　PLC 控制程序

（4）特点 具有对短信号的"保持"和"记忆"功能。

（5）继电器方式与梯形图的比较 继电器方式与梯形图的比较如图1-30所示。

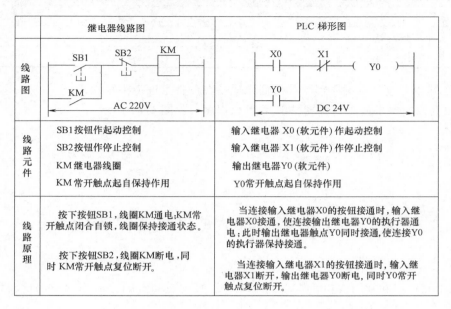

继电器线路图	PLC梯形图
线路图	
SB1 SB2 KM（线圈） AC 220V	X0 X1 (Y0) Y0（自保持） DC 24V
线路元件	
SB1按钮作起动控制 SB2按钮作停止控制 KM继电器线圈 KM常开触点起自保持作用	输入继电器X0（软元件）作起动控制 输入继电器X1（软元件）作停止控制 输出继电器Y0（软元件） Y0常开触点起自保持作用
线路原理	
按下按钮SB1，线圈KM通电;KM常开触点闭合自锁，线圈保持接通状态。 按下按钮SB2，线圈KM断电，同时KM常开触点复位断开。	当连接输入继电器X0的按钮接通时，输入继电器X0接通，使连接输出继电器Y0的执行器通电;此时输出继电器触点Y0同时接通，使连接Y0的执行器保持接通。 当连接输入继电器X1的按钮接通时，输入继电器X1断开，输出继电器Y0断电，同时Y0常开触点复位断开。

图1-30 继电器方式与梯形图的比较

2. 起保停电路

一个常开按钮与一个常闭按钮控制的起保停电路的控制。

（1）控制要求 用PLC实现2个常开按钮对1个灯的控制。按下常开按钮SB1，灯HL1发光并保持;

按下常闭按钮SB2，灯HL1熄灭。

（2）基本指令 PLC基本指令见表1-9。

表1-9 基本指令表

基本指令	指令逻辑	指令功能	梯形图表示（例）	指令表达
AND	与	串联常开触点	X0 X1 ( )	LD X0 AND X1

（3）分析基本工作步骤

1）了解任务中要接到PLC输入端与输出端的硬元件，以及输出执行元件的工作电源。

接PLC输入端：常开按钮SB1、常闭按钮SB2。

接PLC输出端：指示灯HL1（指示灯工作电源：DC24V）。

2）进行PLC I/O端分配。

PLC输入端：X0接常开按钮SB1，X1接常闭按钮SB2。

PLC输出端：Y0接指示灯HL1。

3）画I/O分配表，见表1-10。

表 1-10　一个常开按钮与一个常闭按钮控制的起保停电路的 I/O 分配表

输　　入			输　　出		
序号	说明	地址编号	序号	说明	地址编号
1	起动按钮	X0	1	指示灯	Y0
2	停止按钮	X1			

4）绘制 PLC 电气控制原理图，根据原理图在设备上进行接线。

5）根据控制要求使用编程软件编写 PLC 程序，如图 1-31 所示。

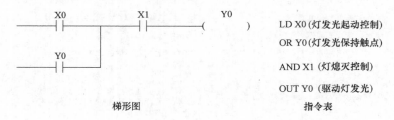

LD X0（灯发光起动控制）

OR Y0（灯发光保持触点）

AND X1（灯熄灭控制）

OUT Y0（驱动灯发光）

　　　梯形图　　　　　　　　　　　　　　　指令表

图 1-31　PLC 控制程序

（4）常开按钮和常闭按钮作停止的比较　　常开按钮和常闭按钮作停止的比较如图 1-32 所示。

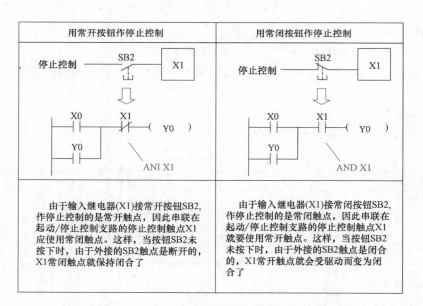

图 1-32　常开按钮和常闭按钮作停止的比较

3. 用 PLC 实现两个常开按钮的脉冲信号对起保停电路的控制

1）控制要求：在常开按钮 SB1 从 OFF→ON 瞬间，灯发光并保持；在常开按钮 SB2 从 ON→OFF 瞬间，灯立刻熄灭。

2）PLC 基本指令见表 1-11。

置位、复位指令使用及功能介绍，如图 1-33 所示。

表 1-11 基本指令表

基本指令	指令逻辑	指令功能	梯形图表示(例)	指令表达
LDP	取上升沿脉冲	常开触点在 OFF→ON 时产生的上升沿脉冲	X0 Y0 ⟋⟍ ( )	LDP X0
LDF	取下降沿脉冲	常开触点在 OFF→ON 时产生的下降沿脉冲	X0 Y0 ⟋⟍ ( )	LDF X0
SET	置位	接通执行元件并继续保持接通	X0 ─┤├─[SET Y0]	LD X0 SET Y0
RST	复位	消除元件的置位状态	X0 ─┤├─[SET Y0] X1 ─┤├─[RST Y0]	LD X0 SET Y0 LD X1 RST Y0

当X0=ON时，Y0=ON	当X0=OFF时，Y0=ON	当X1=ON时，Y0=OFF
X0=ON ─┤├─[SET Y0] ⬇ Y0 ⊗ HL1	X0=OFF ─┤├─[SET Y0] ⬇ Y0 ⊗ HL1	X1=ON ─┤├─[RST Y0] ⬇ Y0 ⊗
X0一旦接通，Y0即被驱动置位，灯HL1发光	即使X0立刻断开，Y0仍将保持被驱动状态	只有遇到对Y0的复位指令"RST Y0"，已被"SET"置位的Y0才会退出被驱动状态，灯才熄灭

图 1-33 置位、复位指令使用及功能

≫ 注意 元件被"SET"置位后会一直保持被执行的状态，一定要用复位指令 "RST"才能使元件退出执行状态。

3）I/O 分配表与实物接线与方法一相似，这里就不再赘述。

4）根据控制要求使用编程软件编写 PLC 程序，如图 1-34 所示。

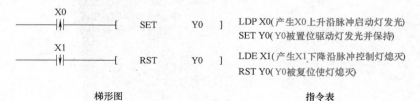

```
      X0
    ─┤↑├─────────[ SET    Y0 ]     LDP X0(产生X0上升沿脉冲启动灯发光)
                                    SET Y0(Y0被置位驱动灯发光并保持)
      X1
    ─┤↓├─────────[ RST    Y0 ]     LDE X1(产生X1下降沿脉冲控制灯熄灭)
                                    RST Y0(Y0被复位使灯熄灭)

      梯形图                               指令表
```

图 1-34 PLC 控制程序

5）时序图分析如图 1-35 所示。

五、设备指示灯控制系统的安装与调试

设计一设备指示灯控制系统，控制要求：系统运行后，黄色指示灯亮，表示系统处于等待状态；按下起动按钮，绿色指示灯亮，表示系统正常工作；按下急停按钮，红色指示灯亮，表示出现紧急状况，系统处于急停状态。

1. I/O 分配表

画 PLC I/O 分配表，见表 1-12。

2. 画出电气原理图

画出设备指示灯控制系统电气原理图，如图 1-36 所示。

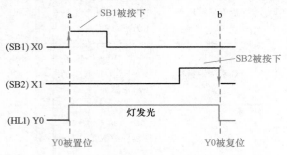

图 1-35 控制程序时序图

表 1-12 设备指示灯控制系统的 I/O 分配表

输　入			输　出		
序号	说明	地址编号	序号	说明	地址编号
1	起动按钮	X0	1	红色指示灯	Y0
2	急停按钮	X1	2	绿色指示灯	Y1
3			3	黄色指示灯	Y2

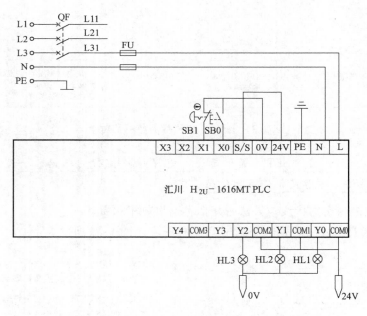

图 1-36 设备指示灯控制系统电气原理图

3. 控制电路连接过程

1）将断路器、熔断盒、PLC、按钮和指示灯模块分别安装固定到网孔板上，如图 1-37 所示。

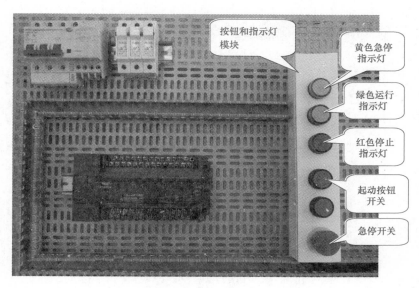

图 1-37   控制电路元器件安装示意图

2）按照 PLC 控制电气原理图完成电路连接，如图 1-38 所示。

3）所有电路连接完成后，用万用表进行检测。检测无误后，盖好线槽，完成电路安装，如图 1-39 所示。

图 1-38   控制电路线路连接示意图

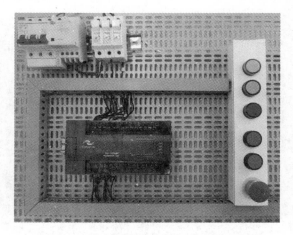

图 1-39   设备指示灯控制电路总装示意图

4. 控制程序的编写

根据设备指示灯系统控制要求，完成控制程序的编写，参考程序如图 1-40 所示。

程序编写完成后，单击工具栏"编译"按钮（或按键盘"Ctrl + F7"）进行编译，编译成功后出现如图 1-41 所示编译信息输出窗口，在窗口会显示程序编译是否有错。

5. 程序下载、监控

1）可通过 RS-232 通信线将计算机编写的控制程序下载到 PLC 中，如图 1-42 所示。

单击工具栏中"下载"按钮（或按键盘"F8"）下载控制程序。下载程序时，首先会提示用户程序是否需要重新编译，如果不重新编译，下载的程序为上次编译后的程序，提示

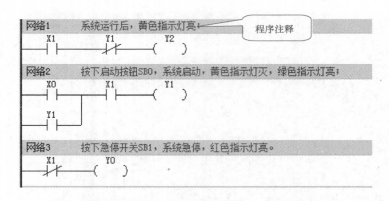

图 1-40　设备指示灯系统的 PLC 控制程序

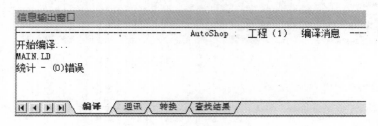

图 1-41　编译信息输出窗口

对话框如图 1-43 所示。

如果单击"是"，程序被重新编译，单击"否"，程序将保留上次编译后的程序，接下来会弹出如图 1-44 所示对话框。

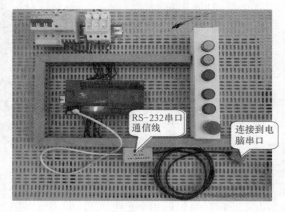

图 1-42　控制系统 PLC 通信线连接示意图

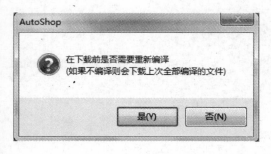

图 1-43　是否需要重新编译对话框

根据需要，在"下载选项"中选择需要下载的内容，选中后单击"下载"按钮即可开始下载。如果 PLC 处于运行状态，会弹出如图 1-45 所示对话框，提示用户是否需要停止 PLC 运行再下载。

单击"确定"后，会出现如图 1-46 所示下载进度条。

2）程序下载成功后单击常用操作工具栏中"运行"按钮（或按键盘"F5"），运行

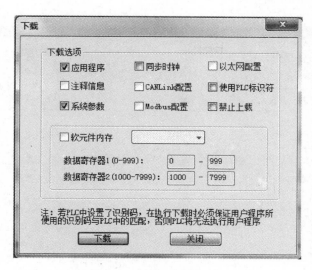

图 1-44　程序下载对话框

图 1-45　是否需要停止 PLC 运行对话框

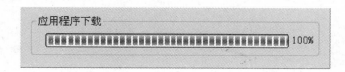

图 1-46　下载进度条

PLC 程序；然后单击常用操作工具栏中"监控"按钮（或按键盘"F3"），进行程序运行状态监控，如图 1-47 所示。

设备指示灯控制程序运行状态监控过程如图 1-48 所示。

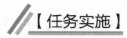

【任务实施】

按照控制原理图 1-36 进行电路连接，并编辑程序实现对设备指示灯控制程序的编辑与调试，具体要求如下：开机后，黄色指示灯亮，表示等待状态；按下起动按钮，绿色指示灯亮，表示正常工作；按下急停按钮，红色指示灯亮，表示出现紧急状况，处于急停状态。

【任务验收与评价】

1. 验收细则

验收细则见表 1-13。

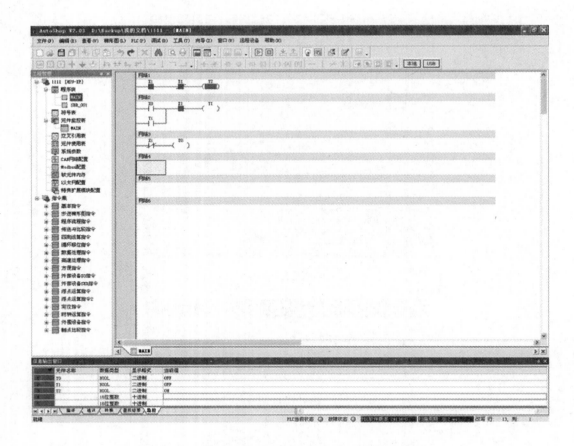

图 1-47　程序运行状态监控界面

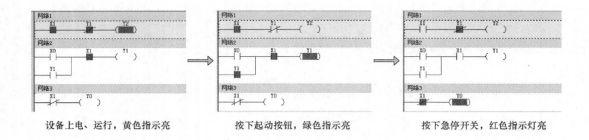

| 设备上电、运行，黄色指示亮 | 按下起动按钮，绿色指示亮 | 按下急停开关，红色指示灯亮 |

图 1-48　设备指示灯控制程序运行状态监控过程

表 1-13　验收细则

序号	验收项目	验收标准	自我检验	教师评分（每项 100 分）	权重
1	产品外观	各元件在网孔板上布局是否合理			20%
2	线路	电路连接是否准确，导线处理是否合理			20%

（续）

序号	验收项目	验收标准	自我检验	教师评分 （每项 100 分）	权重
3	程序编辑	程序编辑是否符合要求			20%
4	测试	能按照求进行演示			40%
5	教师评价总分	（最后算入总评表）			

2. 验收过程情况记录

验收过程记录见表 1-14。

表 1-14　验收过程问题记录表

验收问题记录	整改措施	完成时间	备注

3. 任务评价

在表 1-15 中，评价结论以"很满意、比较满意、还要加油哦"等方式进行，因为它能更有效地帮助和促进学生发展。小组成员互评时，在你认为合适的地方打"√"。组长和教师评价考核时，采用优（A）、良（B）、中（C）、差（D）四个等级。

表 1-15　任务评价

项目	评价内容	自我评价		
		很满意	比较满意	还要加油哦
职业素养 考核项目	安全意识、责任意识强；工作严谨、敏捷			
	学习态度主动；积极参加教学安排的活动			
	团队合作意识强；注重沟通，相互协作			
	劳动保护穿戴整齐；干净、整洁			
	仪容仪表符合活动要求；朴实、大方			
专业能力 考核项目	按时按要求完成设备指示灯控制系统控制电路安装			
	I/O 分配表及电气原理图正确绘制			
	技能操作符合规范；操作熟练、灵巧			
	布线符合工艺要求，美观，标准化			
	正确编写程序，电路能够实现功能			
小组评价 意见		综合等级	组长（签名）：	
教师评价 意见		综合等级	教师（签名）：	

4. 工作过程回顾并写工作总结

1）请回忆你在完成"设备指示灯的安装与调试"项目的过程中遇到过哪些问题和困难？做好记录了吗？你是如何解决这些问题和困难的？从中可以总结出哪些经验和教训？

_____

_____

_____

_____

_____。

2）在团队学习的过程中，项目负责人给你分配了哪些工作任务？你是如何完成的？你对其结果满意吗？如果请你对你自己的工作和表现打分，应该是多少分？还有哪些需要和提高的地方？

_____

_____

_____

_____。

3）在此项目的学习过程中，你认为团队精神重要吗？你是如何与小组其他成员合作的？请列举1、2实例与大家一起分享。

_____

_____

_____

_____

_____。

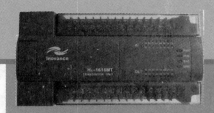

项目二

自动洗车传送系统的控制

【项目目标】

1）了解交流接触器的结构、类型。

2）掌握交流接触器的图形符号、安装接线方法。

3）掌握三相异步电动机正反转工作原理。

4）绘制 I/O 分配表。

5）读懂 PLC 控制电气原理图。

6）掌握定时器指令、置位/复位指令格式。

7）进行指令表与梯形图的转换。

8）掌握自锁、互锁控制程序。

9）控制电路线路连接规范。

【工作流程与内容】

任务一　三相异步电动机的正反转控制电路。

任务二　交通灯控制程序的编写与调试。

任务三　电动机正反转控制程序的编写与调试。

任务四　自动洗车传送系统控制电路装调与程序编写。

项 目 描 述

　　为适应社会发展，小明想将自己家的洗车房进行升级改造，把原来普通的洗车房改造成汽车可进行自动前进、后退的自动洗车房，于是他寻求各位同学的帮助，在实训室进行自动洗车系统模型的制作与调试。要求：使用 PLC 控制装置使洗车房的地板沟道通过按钮操作可自动进行前进、后退，设备安装需遵从国家电气安装相关要求，编辑程序符合现场指示灯功能要求。使用压线钳、内六角扳手、十字螺钉旋具等工具，规范操作，在 16 个课时内完成项目。

任务一　　三相异步电动机的正反转控制电路

【任务目标】

通过教师讲解使学生能进行三相异步电动机的正反转控制电路的连接与程序编写。

【任务准备】

交流接触器、断路器、热继电保护器、按钮、三相异步电动机。

【知识准备】

一、交流接触器

1. 介绍

交流接触器（Alternating Current Contactor）。主要有 CJ 系列中的 CJX2 系列、CJ20 系列、CJT1 系列 3TB、B 系列等一些目前最常用的产品。

2. 结构

如图 2-1 所示交流接触器主要由三部分组成：

（1）灭弧装置

（2）触点系统

（3）电磁系统

下面的十个主要部件构成：

动触点、静触点、衔铁、弹簧、线圈、铁心、垫毡、触点弹簧；灭弧罩；触点压力弹簧

3. 电气符号

电气符号如图 2-2 所示。

4. 工作原理

当线圈通电时，静铁心产生电磁吸力，将动铁心吸合，由于触点系统是与动铁心联动

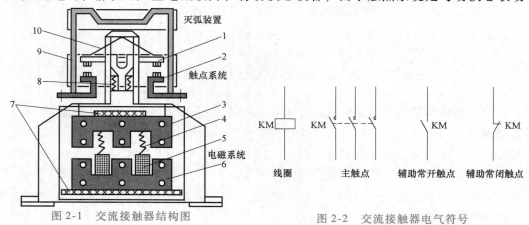

图 2-1　交流接触器结构图

图 2-2　交流接触器电气符号

1—动触点　2—静触点　3—衔铁　4—弹簧　5—线圈　6—铁心

7—垫毡　8—触点弹簧　9—灭弧罩　10—触点压力弹簧

的，因此动铁心带动三条动触片同时运行，主触点闭合，从而接通电源。当线圈断电时，吸力消失，动铁心联动部分依靠弹簧的反作用力而分离，使主触点断开，切断电源。

5. 分类

交流接触器又可分为电磁式、永磁式和真空式三种。常用的交流接触器有 CJ40、CJ12、CJ20 和引进的 CJX、3TB、B 等系列。

（1）电磁式

1）结构：接触器主要由电磁系统、触点系统、灭弧系统及其他部分组成。

2）工作原理：当接触器电磁线圈不通电时，弹簧的反作用力和衔铁心的自重使主触点保持断开位置。当电磁线圈通过控制回路接通控制电压（一般为额定电压）时，电磁力克服弹簧的反作用力将衔铁吸向静铁心，带动主触点闭合，接通电路，辅助接点随之动作。

（2）永磁式

1）结构：接触器主要由驱动系统、触点系统、灭弧系统及其他部分组成。

2）工作原理：永磁式交流接触器是利用磁极的同性相斥、异性相吸的原理，用永磁驱动机构取代传统的电磁铁驱动机构而形成的一种微功耗接触器。安装在接触器联动机构上极性固定不变的永磁铁，与固化在接触器底座上的可变极性软磁铁相互作用，从而达到吸合、保持与释放的目的。软磁铁的可变极性是通过与其固化在一起的电子模块产生十几到二十几毫秒的正反向脉冲电流，而使其产生不同的极性。根据现场需要，用控制电子模块来控制设定的释放电压值，也可延迟一段时间再发出反向脉冲电流，以达到低电压延时释放或断电延时释放的目的，使其控制的电动机免受电网波动而跳停，从而保持生产系统的稳定。

6. 接线方法

如图 2-3 所示，一般三相接触器一共有 8 个点：三路输入，三路输出，还有两个控制点。输出和输入是对应的，很容易能看出来。如果要加自锁的话，则还需要从输出点的一个端子将线接到控制点上面。电气符号如图 2-4 所示。

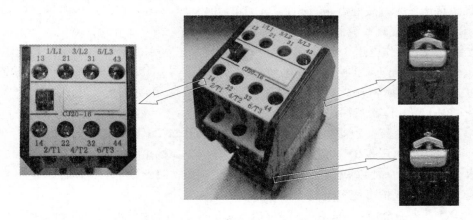

图 2-3　CJ20 交流接触器接线端子

交流接触器的工作原理是外接电源加载在线圈上，产生电磁场，当加电时触点吸合，而断电时触点就断开，因此首先要弄清楚外加电源的节点，也就是线圈的两个接点，一般在接触器的下部，并且各在一边。然后依照图样弄清其他的几路输入和输出，它们一般在上部。同时要注意外加电源的电压是多少（220V 或 380V），铭牌上一般都标出，并且注意接触点

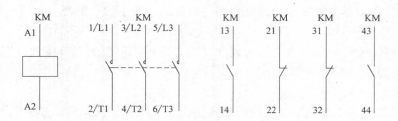

图 2-4　CJ20 交流接触器电气符号

是常闭还是常开。如果有自锁控制，根据原理处理一下线路就可以了。

7. 不同型号的使用场合

1）CDC1 系列交流接触器主要用于交流 50Hz（或 60Hz）、额定工作电压最高至 660V、额定工作电流最大至 370A 的电力系统中接通和分断电路，并可与适当的热过载继电器或电子式保护装置组合成电磁起动器，以保护可能发生过载的电路。产品符合 GB 14048.4 和 IEC 60947-4-1 等标准。

2）CDC3-9～110 交流接触器（以下简称接触器）主要用于交流 50Hz（或 60Hz）、额定工作电压最高至 660V、在 AC 3 使用类别下额定工作电压为 380V、额定工作电流最大至 110A 的电力系统中，供远距离接通和分断电路，并可与适当的热过载继电器或电子式保护装置组合成电磁起动器，以保护操作（运行）可能发生过载的电路。产品符合 GB 14048.4—2010 和 IEC 60947-4-1 等标准。

3）CJX1 系列交流接触器主要用于交流 50Hz（或 60Hz）、额定工作电压最高至 1000V，在 AC 3 使用类别下额定工作电压为 380V 时额定工作电流最大至 475A 的电路中，供远距离接通和分断电路或频繁起动和控制交流电动机，并可与适当的热过载继电器组成电磁起动器，以保护可能发生过载的电路。产品符合 GB14048.4—2010 和 IEC60947-4-1 等标准。

4）CDC7 系列交流接触器使用于交流 50Hz 或 60Hz，额定工作电压最高至 660V，在 AC 3 使用类别下额定工作电压 380V 时额定工作电流最大至 95A 的电力系统中，供远距离接通和分断电路、频繁地起动和控制交流电动机之用。并可与 CDR7 或其他适当的热继电器或电子式保护装置组合成电磁起动器，以保护可能发生过载或断相的电路。产品符合 GB 14048.4—2010 和 IEC 60947-4-1 等标准。

5）CJX2 系列交流接触器主要用于交流 50Hz 或 60Hz、额定绝缘电压 690V，在 AC 3 使用类别下额定工作电压 380V、额定工作电流最大至 620A 的电力系统中，供远距离接通和分断电路及频繁地起动和控制交流电动机。并可与适当的热过载继电器或电子式保护装置组合成电磁起动器，以保护可能发生过载的电路。

6）CJX5 系列交流接触器适用于交流 50Hz 或 60Hz、额定工作电压最高至 660V、额定工作电流最大至 100A 的电力线路中，用作远距离接通及分断电路和频繁起动及控制交流电动机。

8. 接触器的选用

（1）选择接触器的类型　交流接触器按负荷种类一般分为一类、二类、三类和四类，分别记为 AC1 、AC2 、AC3 和 AC4 。一类交流接触器对应的控制对象是无感或微感负荷，如白炽灯、电阻炉等；二类交流接触器用于绕线转子异步电动机的起动和停止；三类交流接触器的典型用途是笼型异步电动机的运转和运行中分断；四类交流接触器用于笼型异步电动机的起动、反接制动、反转和点动。

（2）选择接触器的额定参数　根据被控对象和工作参数如电压、电流、功率、频率及工作制等确定接触器的额定参数。

1）接触器的线圈电压一般应低一些为好，这样对接触器的绝缘要求可以降低，使用时也较安全。但为了方便和减少设备，常按实际电网电压选取。

2）电动机的操作频率不高，如压缩机、水泵、风机、空调、压力机等，接触器额定电流大于负荷额定电流即可。接触器类型可选用 CJ20 等。

3）对重载型电动机，如机床主电动机、升降设备、绞盘、破碎机等，其平均操作频率超过 100 次/min，运行于起动、点动、正反向制动、反接制动等状态，可选用 CJ12 型的接触器。为了保证电寿命，可使接触器降容使用。选用时，接触器额定电流大于电动机额定电流。

4）对特重负载电动机，如印刷机、镗床等，操作频率很高，可达 600～12000 次/h，经常运行于起动、反接制动、反向运行等状态，接触器大致可按电磁寿命及起动电流选用，接触器型号选 CJ12 等。

5）交流回路中的电容器投入电网或从电网中切除时，接触器选择应考虑电容器的合闸冲击电流。一般接触器的额定电流可按电容器的额定电流的 1.5 倍选取，型号选 CJ20 等。

6）用接触器对变压器进行控制时，应考虑浪涌电流的大小。例如交流电弧焊机、电阻焊机等，一般可按变压器额定电流的 2 倍选取接触器，型号选 CJ20 等。

7）对于电热设备，如电阻炉、电热器等，负荷的冷态电阻较小，因此起动电流相应要大一些。选用接触器时可不用考虑起动电流，直接按负荷额定电流选取。型号可选 CJ20 等。

8）由于气体放电灯起动电流大、起动时间长，对于照明设备的控制，可按额定电流的 1.1～1.4 倍选取交流接触器，型号可选 CJ20 等。

9）接触器额定电流是指接触器在长期工作下的最大允许电流，持续时间≤8h，且安装于敞开的控制板上，如果冷却条件较差，选用接触器时，接触器的额定电流就按负荷额定电流的 110%～120% 选取。对于长时间工作的电动机，由于其氧化膜没有机会得到清除，使接触电阻增大，导致触点发热超过允许温升，所以实际选用时可将接触器的额定电流减小 30% 使用。

二、三相异步电动机

1. 介绍

三相异步电动机（Three-phase Asynchronous Motor）是靠同时接入 380V 三相交流电源（相位差 120°）供电的电动机，由于三相异步电动机的转子与定子旋转磁场以相同的方向、不同的转速成旋转，存在转差率，所以叫三相异步电动机。

2. 工作原理

当电动机的三相定子绕组（各相差 120°电角度），通入三相对称交流电后，将产生一个旋转磁场，该旋转磁场切割转子绕组，从而在转子绕组中产生感应电流（转子绕组是闭合通路），载流的转子导体在定子旋转磁场作用下将产生电磁力，从而在电动机转轴上形成电磁转矩，驱动电动机旋转，并且电动机旋转方向与旋转磁场方向相同。

3. 结构

结构如图 2-5 所示。

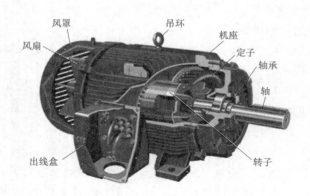

图 2-5　三相异步电动机结构图

（1）定子（静止部分）　包括定子铁心、定子绕组和机座三部分组成。

定子铁心是电动机磁路的一部分，并在其上放置定子绕组；定子绕组是电动机的电路部分，通入三相交流电，产生旋转磁场；机座是用来固定定子铁心与前后端盖，以支撑转子，并起防护、散热等作用。

（2）转子（旋转部分）　包括三相异步电动机的转子铁心和转子绕组两部分。

转子铁心由普通硅钢片叠装而成，是主磁路的一部分。在转子铁心的外圆上也均匀分布着放线圈或导条的槽。各槽中的线圈连接起来成为转子绕组。转子绕组切割定子旋转磁场产生感应电动势及电流，并形成电磁转矩而使电动机旋转。

（3）三相异步电动机的其他部件

1）端盖：支撑作用。

2）轴承：连接转动部分与不动部分。

3）轴承端盖：保护轴承。

4）风扇：冷却电动机。

4. 铭牌参数

为了适应不同用途和不同工作环境的需要，电动机制成不同的系列，每种系列用各种型号表示。

例如，本书中用到的型号为 YS5024 的三相异步电动机。

	三相异步电动机	执行标准:GB5171-2008
规格型号: YS5024	额定功率: 60W	额定电压: 380V
额定电流: 0.39A/0.66A	额定转速: 1400r/min	额定频率: 50Hz
绝缘等级: B	防护等级: IP54	噪声: 56dB(A)
工作制: S1	重量: 2.5 kg	出厂日期:

永 嘉 微 特 电 机 厂

YS——系列代号，YS 系列为全封闭式结构电动机，功率较小，适用于小型机床、泵、压缩机的驱动；

50——机座号；

2——铁心长度代号；

4——磁极数。

例如，型号为 Y 132 M – 4 的三相异步电动机。

Y——三相异步电动机，其中三相异步电动机的产品名称代号还有：YR——绕线转子异步电动机；YB——防爆型异步电动机；YQ——高起动转距异步电动机；

132——机座中心高（单位为 mm）；

M——机座长度代号；

4——磁极数。

5. 接线方法，如图 2-6 所示

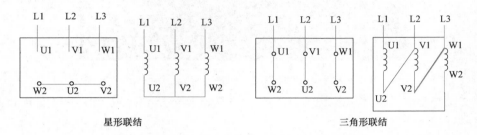

星形联结　　　　　　　　　　　　　　　　三角形联结

图 2-6　三相异步电动机的接线方法

一般笼型三相异步电动机的接线盒中有六根引出线，标有 U1、V1 、W1、U2、V2、W2。其中：U1、U2 是第一相绕组的两端；V1、V2 是第二相绕组的两端；W1、W2 是第三相绕组的两端。如果 U1、V1 、W1 分别为三相绕组的始端（头），则 U2、V2、W2 是相应的末端（尾）。这六个引出线端在接电源之前，相互间必须采用正确的联结。联结方法有星形（Y）联结和三角形（△）联结两种。通常 3kW 以下的三相异步电动机采用星形联结；4kW 以上的，采用三角形联结。

三、实现三相异步电动机的正反转控制电路的安装

1. 电路图

三相异步电动机双重联锁正反转控制电路图如图 2-7 所示。

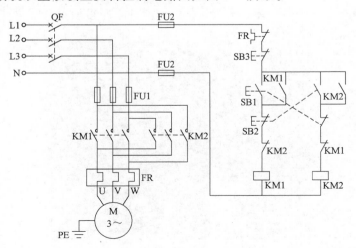

图 2-7　三相异步电动机双重联锁正反转控制电路图

2. 控制电路安装过程

1）断路器、熔断器盒的安装。先在网孔板上安装导轨，然后将断路器、熔断器盒固定在导轨上，如图2-8所示。

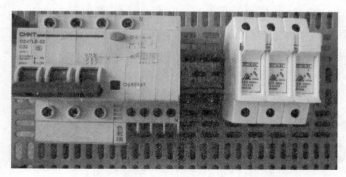

图2-8　断路器、熔断器盒安装示意图

2）交流接触器、热继电保护器的安装。将交流接触器、热继电保护器安装到网孔板上，如图2-9所示。

图2-9　交流接触器、热继电保护器元件布置图

3）按钮、接线端子排的安装。按钮与其他元器件之间可通过接线端子进行连线，如图2-10所示。

图2-10　按钮安装示意图

4）控制电路元器件位置摆放如图 2-11 所示。

图 2-11　控制电路元器件布置图

5）按照控制电路图完成电路连线，如图 2-12 所示。

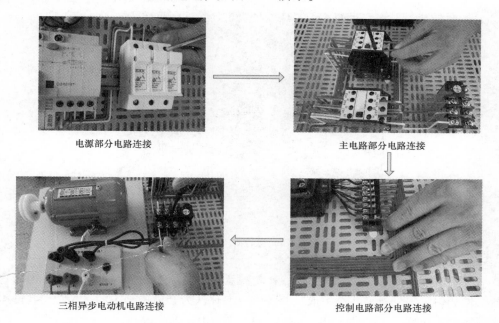

电源部分电路连接　　　　　　　　　　　主电路部分电路连接

三相异步电动机电路连接　　　　　　　　控制电路部分电路连接

图 2-12　控制电路连线示意图

6）所有电路连接完成，用万用表进行检测，检测无误后，即完成电路安装，如图 2-13 所示。

7）连接三相异步电动机，进行整机控制功能验证，如图 2-14 所示。

【任务实施】

根据学校的实际情况，自行设计一个使用交流接触器实现三相异步电动机的正反转控制的电路，并绘制电路图，按图施工。

图 2-13　控制电路总装示意图

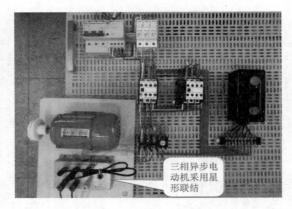

图 2-14　整机示意图

【任务评价】

在表 2-1 中，评价结论以"很满意、比较满意、还要加油哦"等方式进行，因为它能更有效地帮助和促进学生发展。小组成员互评时，在你认为合适的地方打"√"。组长和教师评价考核时，采用优（A）、良（B）、中（C）、差（D）四个等级。

表 2-1　任务评价

项目	评价内容	自我评价		
		很 满意	比较 满意	还要 加油哦
职业素养 考核项目	安全意识、责任意识强；工作严谨、敏捷			
	学习态度主动；积极参加教学安排的活动			
	团队合作意识强；注重沟通，相互协作			
	劳动保护穿戴整齐；干净、整洁			
	仪容仪表符合活动要求；朴实、大方			

（续）

项目	评价内容	自我评价		
		很满意	比较满意	还要加油哦
专业能力考核项目	按时按要求完成三相异步电动机的正反转控制电路图安装			
	电气原理图正确绘制			
	技能操作符合规范；操作熟练，灵巧			
	布线符合工艺要求，美观，标准化			
	电路能够实现功能			
小组评价意见		综合等级	组长（签名）：	
教师评价意见		综合等级	教师（签名）：	

任务二　交通灯控制程序的编写与调试

【任务目标】

通过教师讲解使学生能按照要求进行交通灯控制程序的编写与调试。

【任务准备】

计算机、AutoShop 编程软件、汇川 H_{2U}-1616MT PLC、交通灯模块等。

【知识准备】

一、十字路口交通灯的控制要求与分析

1. 控制要求

上电后，按下起动按钮 SB1 交通灯开始运行。东西方向的红灯发光 30s，接着绿灯发光 25s，最后黄灯闪烁 5s，预警提示行人快行；同时南北方向的绿灯发光 25s，然后黄灯闪烁 5s，最后红色发光 30s，如此循环。检修时，按下复位按钮 SB2，所有灯均熄灭。

2. 控制分析

1）I/O 分配表见表 2-2。

表 2-2　交通灯控制 I/O 分配表

输入			输出		
序号	功能说明	地址编号	序号	功能说明	地址编号
1	起动按钮 SB1	X0	1	东西方向红灯	Y0
2	复位按钮 SB2	X1	2	东西方向绿灯	Y1
			3	东西方向黄灯	Y2
			4	南北方向红灯	Y3
			5	南北方向绿灯	Y4
			6	南北方向黄灯	Y5

2）该控制是对时间的顺序控制，因此需要调用定时器（T）指令。黄灯均要闪烁，因此需要使用特殊辅助时间继电器 M8013。

二、定时器（T）指令的使用

1. 定义

定时器实际是内部脉冲计数器，可对内部 1ms、10ms 和 100ms 时钟脉冲进行加计数，当达到用户设定值时，触点动作。

定时器可以用用户程序存储器内的常数 K 或 H 作为设定值，也可以用数据寄存器 D 的内容作为设定值。

2. 分类

（1）普通定时器（T0 ~ T245）

100ms 定时器 T0 ~ T199 共 200 点，设定范围 0.1 ~ 3276.7s；

10ms 定时器 T200 ~ T245 共 46 点，设定范围 0.01 ~ 327.67s。

（2）积算定时器（T246 ~ T255）

1ms 定时器 T246 ~ T249 共 4 点，设定范围 0.001 ~ 32.767s；

100ms 定时器 T250 ~ T255 共 6 点，设定范围为 0.1 ~ 3276.7s。

3. 指令使用格式

（1）指令格式　指令格式如图 2-15 所示。

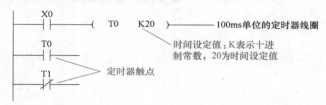

图 2-15　定时器指令格式

由于 T0 的计时单位是 100ms（0.1s），因此 K20 表示 20 × 0.1s = 2s；定时器 T0 被驱动后延时 2s，T1 的触点才会动作。

（2）说明　定时器应用时，都要设置一个十进制数的时间设定值，在程序中，凡数字前面加有符号"K"的数值都表示十进制数，定时器被驱动后，就对时钟脉冲数（每个脉冲都是定时器的计时单位）进行累计，到达设定值时就输出，其所属触点就动作。

>> **注意** | 当设备断电或定时器断路时，普通定时器就会立即停止计时并清零复位；积算式定时器会保持当前数值，直至恢复通电，继续刚才的计时。

三、辅助继电器 M

1. 定义

PLC 的辅助继电器（M）是 PLC 内部的软元件，类似继电-接触器控制电路中的中间继电器。

2. 作用

它与 PLC 输出继电器（Y）相比，相同点是它能像输出继电器（Y）一样被驱动，不同点是：输出继电器（Y）能直接驱动外部负载，而辅助继电器（M）不能直接驱动外部负载。每个辅助继电器也有无数对常开触点与常闭触点供程序运用。

3. 分类

辅助继电器 M 以 M0、M1、…、M8255 符号标识，其序号是以十进制方式编号。M8000 以上的变量为系统专用变量，用于 PLC 用户程序与系统状态的交互；部分 M 变量具有掉电保存功能。

普通辅助继电器：M0 ~ M499（500 点）。

断电保持型继电器：M500 ~ M1023（524 点）。

特殊辅助继电器：M8000 ~ M8255（256 点）。

可编程控制器内有大量的特殊辅助继电器，这些特殊辅助继电器各有其特定的功能，可分为以下两类：

1）触点利用型的特殊辅助继电器，为 PLC 系统自驱动线圈，用户程序只能读取使用，如

M8000：运行监视器（在运行中接通），常用于需用驱动信号的指令之前。

M8002：初始脉冲（仅在运行开始时瞬间接通），常用于只需执行一次初始化指令。

M8012：100ms 时钟脉冲，用于产生固定间隔翻转的信号。

2）线圈驱动型特殊辅助继电器，为用户程序驱动线圈，用于控制 PLC 的工作状态和执行模式等，如

M8030：电池发光二极管熄灯指令。

M8033：停止时保持输出。

M8034：输出全部禁止。

M8039：恒定扫描。

四、通电延时与断电延时控制

1. 通电延时控制

控制要求：SB1 按下后，灯延时 3s 发光并保持，SB2 按下后断电，灯立刻熄灭。

1）控制目标：起动时用定时器 T0 控制灯 Y0 延时 3s 发光。

2）列出 I/O 分配表（见表 2-3），绘制 I/O 接线图（如图 2-16 所示）。

表 2-3   通电延时控制的 I/O 分配表

输　　入			输　　出		
序号	说明	地址编号	序号	说明	地址编号
1	起动按钮 SB1	X0	1	指示灯	Y0
2	停止按钮 SB2	X1			

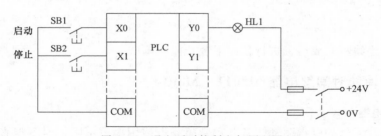

图 2-16   通电延时控制电气原理图

3）根据 I/O 接线图进行实际线路的连接。

4）程序的编写：参考程序梯形图及指令语句表（如图 2-17 所示）。

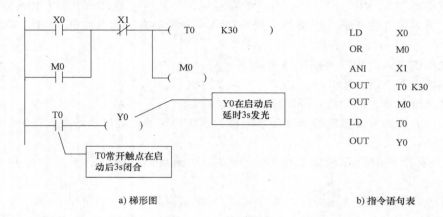

a) 梯形图   b) 指令语句表

图 2-17 通电延时控制程序

5）控制程序编写完成后，进行程序下载及监控调试。

2. 断电延时控制

控制要求：SB1 按下后，灯发光并保持，SB2 按下后，灯延时 2s 熄灭。

1）控制目标：系统起动时用定时器 T0 控制灯 Y0 延时 3s 发光。

2）I/O 分配表与 I/O 接线图（与前面一致，不做赘述）。

3）根据 I/O 接线图进行实际线路的连接。

4）程序的编写：参考程序梯形图及指令语句表如图 2-18 所示。

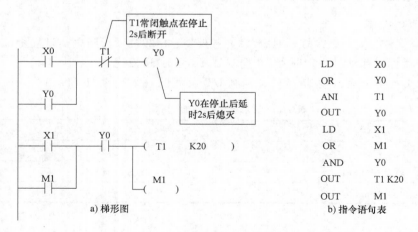

a) 梯形图   b) 指令语句表

图 2-18 断电延时控制程序

5）控制程序编写完成后，进行程序下载及监控调试。

五、特殊辅助时间继电器 M8011 ~ M8014

1. 辅助继电器

1）由内部软元件的触点驱动，常开和常闭触点使用次数不限，但不能直接驱动外部负载，采用十进制编号。

2）分类：通用辅助继电器 M0～M499（500 点）；掉电保持辅助继电器 M500～M1023（524 点）；特殊辅助继电器 M8000～M8255（256 点）。

它们是只能利用其触点的特殊辅助继电器和可驱动线圈的特殊辅助继电器。

3）说明：通用辅助继电器与掉电保持用辅助继电器的比例，可通过外设设定参数进行调整。

2. 特殊辅助时间继电器

M8011：触点以 10ms 的频率作周期性振荡，产生 10ms 的时钟脉冲。

M8012：触点以 100ms 的频率作周期性振荡，产生 100ms 的时钟脉冲。

M8013：触点以 1s 的频率作周期性振荡，产生 1s 的时钟脉冲。

M8014：触点以 1min 的频率作周期性振荡，产生 1min 的时钟脉冲。

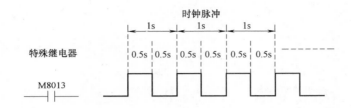

图 2-19　特殊辅助时间继电器的时序逻辑图

3. 特殊辅助时间继电器的时序逻辑（图 2-19）

4. 周期为 1s 的闪烁控制程序

如图 2-20 所示，当 X0 为 ON 时，Y0 输出是周期为 1s 的脉冲信号。

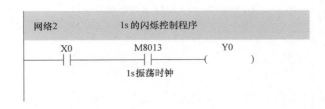

图 2-20　1s 的闪烁控制程序

六、交通灯控制系统的时序图

交通灯控制系统的时序图如图 2-21 所示。

七、程序的编辑

一般分为三部分：

1）启停控制部分程序如图 2-22 所示。

2）交通灯计时控制部分程序如图 2-23 所示。

3）交通灯输出控制部分程序如图 2-24 所示。

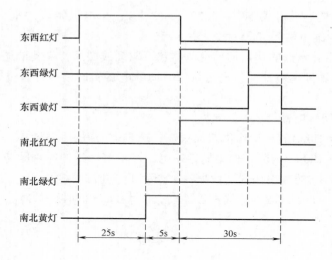

图 2-21　交通灯控制系统的时序图

网络1	启动信号

```
 X0
─┤├──────[ SET    M0        ]
```

网络2	停止信号

```
 X1
─┤├──────[ RST    M0        ]
          [ ZRST   Y0        Y5      ]
```

图 2-22　启停控制部分程序

网络3	东西红灯发光时间

```
 M0      T2
─┤├──────┤/├──────( T0    K300  )
```

网络4	东西绿灯发光时间

```
 T0
─┤├──────( T1    K250  )
```

网络5	东西黄灯闪烁时间

```
 T1
─┤├──────( T2    K50  )
```

网络6	南北绿灯发光时间

```
 M0      T5
─┤├──────┤/├──────( T3    K250  )
```

网络7	南北黄灯闪烁时间

```
 T3
─┤├──────( T4    K50  )
```

网络8	南北红灯发光时间

```
 T4
─┤├──────( T5    K300  )
```

图 2-23　交通灯计时控制部分程序

【任务实施】

1）按下按钮 SB1，灯延迟 2s 发光，10s 后转为 1s 每次的频率闪烁 5s 后，熄灭。

2）根据上面程序的提示使用了 6 个定时器，想一想能不能化简一些，重新编辑新的程序实现功能。

【任务评价】

在表 2-4 中，评价结论以"很满意、比较满意、还要加油哦"等方式进行，因为它能更有效地帮助和促进学生发展。小组成员互评时，在你认为合适的地方打"√"。组长和教师评价考核时，采用优（A）、良（B）、中（C）、差（D）四个等级。

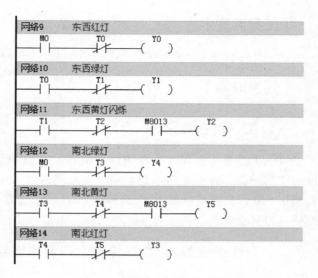

图 2-24 交通灯输出控制部分程序

表 2-4 任务评价

项目	评价内容	自我评价		
		很满意	比较满意	还要加油哦
职业素养考核项目	安全意识、责任意识强；工作严谨、敏捷			
	学习态度主动；积极参加教学安排的活动			
	团队合作意识强；注重沟通，相互协作			
	劳动保护穿戴整齐；干净、整洁			
	仪容仪表符合活动要求；朴实、大方			
专业能力考核项目	按时按要求重新完成程序并且实现功能			
	相关编程知识查找及时、准确；知识掌握扎实			
	定时器的应用是否合理			
	程序是否最简化			
小组评价意见		综合等级	组长（签名）：	
教师评价意见		综合等级	教师（签名）：	

任务三　电动机正反转控制程序的编写与调试

【任务目标】

通过教师讲解使学生能编辑程序调试电动机的正反转控制。

【任务准备】

计算机、AutoShop 编程软件、汇川 H_{2U}-1616MR PLC、三相异步交流电动机、交流接触器等。

【知识准备】

一、工作任务要求

将任务 1 中的三相异步电动机正反转控制电路进行改造，采用 PLC 进行控制，实现正反转控制功能。按下正转按钮 SB0，交流接触器 KM1 线圈得电，电动机正转；此时按下反转按钮 SB1，交流接触器 KM2 线圈得电、KM1 线圈失电，电动机反转；电动机起动后，正反转可以任意切换，按下停止按钮 SB2，电动停止运转。

二、I/O 分配表与 PLC 控制电气原理图绘制

1）I/O 分配表见表 2-5。

表 2-5 三相异步电动机正反转控制 I/O 分配表

输 入			输 出		
序号	功能说明	地址编号	序号	功能说明	地址编号
1	正转按钮 SB0	X0	1	接触器 KM1	Y0
2	反转按钮 SB1	X1	2	接触器 KM2	Y1
3	停止按钮 SB2	X2			
4	热继电保护 FR	X3			

2）参考的 PLC 电气控制原理图如图 2-25 所示。

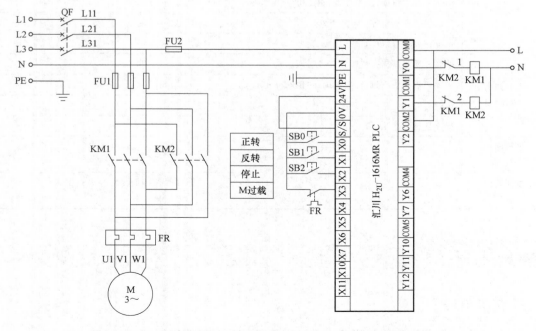

图 2-25 三相异步电动机双重联锁正反转 PLC 电气控制原理图

三、控制电路的连接

按照电气控制原理图完成电路的连接，连接完成实物图如图 2-26 所示。

图 2-26 三相异步电动机正反转 PLC 控制电路连接实物图

四、控制程序的编辑

1）自锁、互锁程序的编辑如图 2-27 所示。

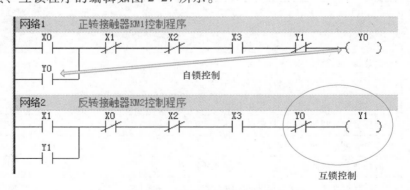

图 2-27 自锁、互锁控制程序

2）参考控制程序如图 2-28 所示。

【任务实施】

1）编写电动机正反转程序按下正转按钮，交流接触器 KM1 线圈得电，电动机正转，10s 后自动停止；按下反转按钮，交流接触器 KM2 线圈得电、KM1 线圈失电，电动机反转，10s 后自动停止；电动机起动后，正反转可以任意切换，按下停止按钮，电动停止运转。

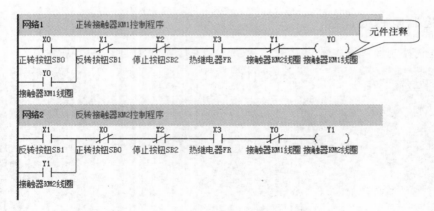

图 2-28　三相异步电动机双重联锁正反转控制程序

2）自锁、互锁电路程序的编写：四路抢答器。

主持人按下起动按钮，主席台上的绿色指示灯开始发光，各位选首席选手才可以开始抢答。第一个按下抢答器的选手该组的蜂鸣器响，同时台面上的指示灯发光，表示该组选手抢答成功，这时即使其他选手再按下抢答器也不能抢答，回答完毕后，主持人按下复位按钮SB2，重新开始抢答。编写程序，并实现功能。

【任务评价】

在表2-6中，评价结论以"很满意、比较满意、还要加油哦"等方式进行，因为它能更有效地帮助和促进学生发展。小组成员互评时，在你认为合适的地方打"√"。组长和教师评价考核时，采用优（A）、良（B）、中（C）、差（D）四个等级。

表 2-6　任务评价

项目	评价内容	自我评价		
		很满意	比较满意	还要加油哦
职业素养考核项目	安全意识、责任意识强；工作严谨、敏捷			
	学习态度主动；积极参加教学安排的活动			
	团队合作意识强；注重沟通，相互协作			
	劳动保护穿戴整齐；干净、整洁			
	仪容仪表符合活动要求；朴实、大方			
专业能力考核项目	按时按要求完成四路抢答器程序并且实现功能			
	自锁及互锁程序切实掌握及灵活应用			
	各指令的合理应用			
	程序是否最简化			
小组评价意见		综合等级	组长（签名）：	
教师评价意见		综合等级	教师（签名）：	

【任务目标】

通过教师讲解使学生能进行自动洗车系统模型电路的安装调试与控制程序的编写与调试。

【任务准备】

PC、AutoShop 编程软件、汇川 H_{2U}-1616MR PLC、交流接触器、交流电动机、导线等。

【知识准备】

一、工作任务控制要求

客户将车停放好在洗车平台上，工作人员按下起动按钮，自动洗车输送系统起动，将车输送到冲洗区后停止，进行冲洗；冲洗完成后，输送系统继续运行，将车输送到精洗区后停止，进行精洗；精洗完成后，输送系统继续运行，将车输送到风干、取车区，进行风干，风干完成后，客户可取车；客户将车开离洗车平台后，工作人员按下复位按钮，自动洗车输送系统起动反转，将洗车平台送回进原位，等待下一辆车。输送系统运行过程，若出现意外情况，工作员可按下急停按钮，系统立即停止下来；故障排除后，按下起动按钮，系统按照急停前的运行状态继续运行。

系统运行时，绿色指示灯亮；车送到冲洗区后，冲洗指示灯（橙色）亮，冲洗完成后指示灯灭；车送到精洗区后，精洗指示灯（橙色）亮，精洗完成后指示灯灭；车送到风干区后，风干指示灯（橙色）亮，风干完成后指示灯灭；按下急停按钮，红色指示灯亮，意外排除后，重新运行后红色指示灯灭。

二、漫反射光电传感器

这里我们使用漫反射光电传感器（Diffuse reflection photo electric sensor）（也称漫射式光电接近开关）来判断小车是否达到了冲洗区、精洗区和风干区。

1. 定义

光电传感器是采用光电元件作为检测元件的传感器。

2. 工作原理

漫反射光电传感器是利用光照射到被测物体上后反射回来的光线而工作的，由于物体反射的光线为漫射光，故也称漫射式光电接近开关。它的光发射器与光接收器处于同一侧位置，且为一体化结构。在工作时，光发射器始终发射检测光，若接近开关前方一定距离内没有物体，则没有光被反射到接收器，接近开关处于常态而不动作；反之，若接近开关的前方一定距离内出现物体，只要反射回来的光足够强，则接收器接收到足够的漫射光就会使接近开关动作从而改变输出的状态。

3. 外形与接线方式

1）外形图如图 2-29 所示。

距离设定旋钮
（可旋转5周）

稳定显示灯(绿) ———— 动作表示灯（橙）

———— 动作转换开关

E3Z-L型漫反射光电传感器外形　　　　　　　　调节旋钮和显示灯

图 2-29　漫反射光电传感器外形图

2）接线图如图 2-30 所示。

光电传感器有三根线，分别是褐色、黑色和蓝色线。其中褐色线接直流电源 +24V，一般情况下将它直接接到 PLC 输出端口的 24V 电源上，但是特殊情况下，如果 PLC 上的电源损坏，也可以外接直流电源；黑色的线是信号线，接 PLC 输出端口 X1，根据 I/O 接线口来进行连接；蓝色线是电源负极线，接 PLC 输入端子上面的 COM 端口。

三、自动洗车输送系统

图 2-30　三线光电传感器接线图

自动洗车输送系统模型如图 2-31 所示。

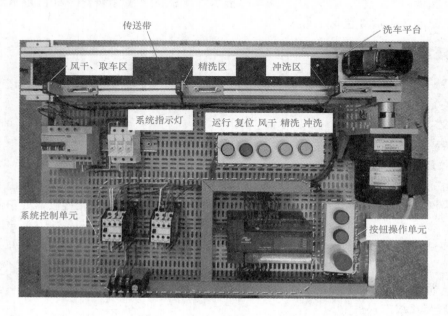

图 2-31　自动洗车输送系统模型图

四、材料清单与工具清单

根据电路图填写材料清单见与工具清单，见表2-7、表2-8。

表2-7 材料清单

序号	材料名称	规格与型号	数量	备注
1	漏电断路器	DZ47LE-32	1	
2	熔断器	RT18-32	1	
3	交流接触器	CJ20-16	2	
4	热过载继电器	JR36-20	1	
5	PLC	汇川 H_{2U}-1616MR	1	
6	带输送机		1	YL-235A 输送机
7	减速电动机	80YS25JY38	1	
8	光电传感器	E3Z-LS61	3	
9	指示灯	AD58B-220V	1	红色
10	指示灯	AD58B-220V	1	绿色
11	指示灯	AD58B-220V	3	橙色
12	按钮	LA68B	2	红、绿色各一个
13	急停开关	LA68D	1	
14	行线槽	30mm×25mm	若干	
15	导线	BVR1×1.0mm²	若干	

表2-8 工具清单

序号	工具名称	规格与型号	数量	备注
1	十字螺钉旋具	PH1×75	1	
2	T形内六角扳手	3mm	1	
3	T形内六角扳手	5mm	1	
4	斜口钳	5号	1	
5	尖嘴钳	5号	1	
6	压线钳	0.2~5.5mm²	1	

五、I/O分配表与PLC控制电气原理图绘制

1）I/O分配表见表2-9。

表2-9 自动洗车输送系统控制 I/O 分配表

输入			输出		
序号	功能说明	地址编号	序号	功能说明	地址编号
1	起动按钮 SB1	X0	1	接触器 KM1	Y0
2	复位按钮 SB2	X1	2	接触器 KM2	Y1
3	急停按钮 SB3	X2	3	运行指示灯 HL1	Y2
4	热继电保护 FR	X3	4	急停指示灯 HL2	Y3
5	光电传感器 S1	X4	5	冲洗指示灯 HL3	Y4
6	光电传感器 S2	X5	6	精洗指示灯 HL4	Y5
7	光电传感器 S3	X6	7	风干指示灯 HL5	Y6

2）参考的 PLC 电气控制原理图如图 2-32 所示。

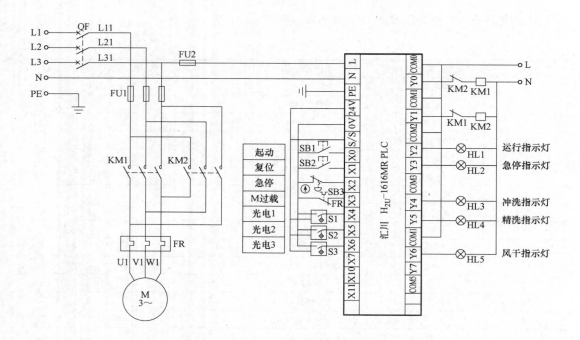

图 2-32　自动洗车输送系统 PLC 电气控制原理图

六、线路安装

按照自动洗车输送系统模型图完成线路安装，具体安装步骤如下：

1）配电单元和系统控制单元线路安装，安装器件有：漏电断路器、熔断器、交流接触器、热过载保护器、PLC 等。

2）输送机构单元线路安装，安装器件有：带式输送机、减速电动机、光电传感器等。

3）系统指示灯和按钮操作单元安装，安装器件有：指示灯、按钮、急停开关等。

七、程序的编辑

程序的编辑如图 2-33、图 2-34、图 2-35、图 2-36 所示。

1. 梯形图程序

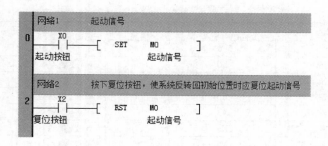

图 2-33　起停信号处理

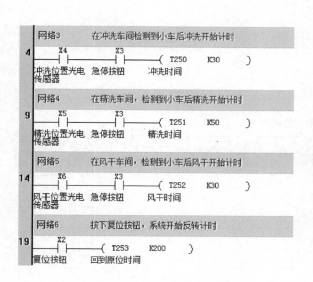

图 2-34 定时器时间处理

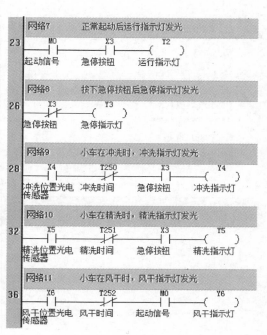

图 2-35 指示灯处理

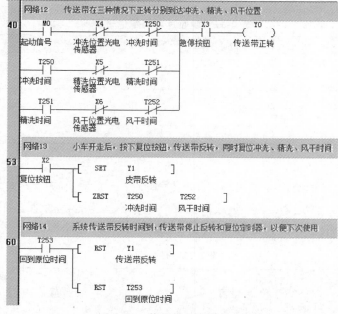

图 2-36 传送带正反转处理

2. 对程序的几点说明

1）程序的编辑一般先处理起停信号，然后是控制信号，最后再编写输出信号。

2）对急停的处理：在所有的输出上添加了急停按钮的常开触点，且又可能在洗车、风干等时间内按下急停，所有我们使用了断电保持型的定时器。但这类定时器要慎重的使用，知道什么时候复位，不影响下次的使用。

【任务实施】

按照图 2-32 进行电路连接，并编辑程序，实现对自动洗车系统程序的编辑与调试，想一想，上述程序的不足之处并进行改良。

【任务评价】

1. 验收细则

验收细则见表 2-10。

表 2-10　验收细则

序号	验收项目	验收标准	自我检验	教师评分（每项 100 分）	权重
1	产品外观	各元件在网孔板上布局是否合理			20%
2	电路	电路连接是否准确,导线处理是否合理			20%
3	程序编辑	程序编辑是否符合要求			20%
4	测试	能按照求进行演示			40%
5	教师评价总分	（最后算入总评表）			

2. 验收过程情况记录

验收过程记录在表 2-11 中。

表 2-11　验收过程问题记录表

验收问题记录	整改措施	完成时间	备注

3. 任务评价表

在表 2-12 中，评价结论以"很满意、比较满意、还要加油哦"等方式进行，因为它能更有效地帮助和促进学生发展。小组成员互评时，在你认为合适的地方打"√"。组长和教师评价考核时，采用优（A）、良（B）、中（C）、差（D）四个等级。

表 2-12　任务评价

项目	评价内容	自我评价		
		很满意	比较满意	还要加油哦
职业素养考核项目	安全意识、责任意识强；工作严谨、敏捷			
	学习态度主动；积极参加教学安排的活动			
	团队合作意识强；注重沟通,相互协作			
	劳动保护穿戴整齐；干净、整洁			
	仪容仪表符合活动要求；朴实、大方			

（续）

项目	评价内容	自我评价		
		很满意	比较满意	还要加油哦
专业能力考核项目	按时按要求完成自动洗车系统程序编写及线路连接			
	I/O 接线路正确绘制			
	接线操作符合规范；操作熟练，灵巧			
	布线符合工艺要求，美观，标准化			
	电路能够实现功能			
小组评价意见		综合等级	组长（签名）：	
教师评价意见		综合等级	教师（签名）：	

4. 工作过程回顾并写工作总结

1）请回忆你在完成"自动洗车传送系统的控制"项目的过程中遇到过哪些问题和困难？你做好记录了吗？你是如何解决这些问题和困难的？从中可以总结出哪些经验和教训？

_____

_____

_____

_____

_____。

2）在团队学习的过程中，项目负责人给你分配了哪些工作任务？你是如何完成的？你对其结果满意吗？如果请你对你自己的工作和表现打分，应该是多少分？还有哪些需要和提高的地方？

_____

_____

_____

_____

_____。

3）在此项目的学习过程中，你认为团队精神重要吗？你是如何与小组其他成员合作的？请列举1、2实例与大家一起分享。

_____

_____

_____

_____

_____。

项目三

水塔水位的控制

【项目目标】

1) 了解直流抽水泵的种类、结构和工作原理。

2) 了解水塔供水系统的组成和工作原理。

3) 掌握 SEGD 七段数码管译码指令格式。

4) 绘制控制程序流程图。

5) 进行数码管指示程序的编写。

6) 掌握系统运行故障报警程序的编写方法。

7) 了解电磁阀的工作原理及种类。

8) 进行水塔水位控制系统的连线和程序的编写。

【工作流程与内容】

任务一　水塔供水系统的分析。

任务二　天塔之光控制程序的编写与调试。

任务三　水塔水位程序的编写与调试。

任务四　水塔水位控制系统的安装与调试。

项 目 描 述

　　某小区高层楼房在用水高峰期常常不能正常供水，有关部门决定将现有的供水装置进行改造，使用 PLC 设备进行自动化供水。现将任务交由我校学生进行前期的模型制作与调试，要求设备安装需遵循国家电气安装相关要求，程序编辑需符合该高层水塔供水要求。使用压线钳、内六角扳手、十字螺钉旋具等工具，规范操作，在 16 个课时内完成项目。

任务一　　水塔供水系统的分析

【任务目标】

通过教师讲解使学生能选择小区水塔系统的元件。

【任务准备】

直流抽水泵。

【知识准备】

一、使用 PLC 控制的水塔供水系统

1. 设计方案简介

用 PLC 作为控制核心，四个液位传感器分别作为给水箱、补水箱的上限位和下限位传感器，利用 PLC 采集、处理信号来控制直流抽水泵里的电动机起停，实现补水。

2. 主要组成部件

水塔水位系统由 PLC、直流抽水泵、液位传感器等几部分组成。

3. 水塔水位系统

水塔水位系统示意简图 3-1 所示。

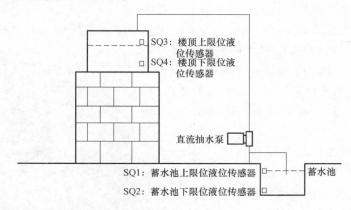

图 3-1　水塔水位系统示意简图

二、直流抽水泵的介绍

1. 微型抽水泵（Microwater Pump 或 Mini Water Pump）**的介绍**

（1）定义　通常把提升液体、输送液体或使液体增加压力，即把原动机的机械能变为液体能量从而达到抽送液体目的的机器统称为水泵，如图 3-2 所示。

（2）分类　按电压分类，可分成交流抽水泵、直流抽水泵。

2. 直流抽水泵

（1）分类

1）三相直流抽水泵：三相直流抽水泵采用六槽定子，即有三对磁场，水泵采用 MCU 控制，智能检测位置来换向，无需霍尔元件检测，因此水泵里面可以不放在任何电子元器件，电路板外拉，泵体里面涡流产生的高温就不会影响电路板。

2）两相直流抽水泵：两相直流水泵是采用霍尔元件来检测位置，再通过驱动板换向。水泵里面必须放置一个霍尔元件，而且功率越大泵体里面涡流产生的温度越高，有时会有 150℃ 以上，因此两相的直流水泵一般只做电流 2A 以下，而且使用水温最好不要超过 70℃。

（2）本项目对水泵的要求　我们所使用的 PLC 输出电压是直流 24V，输出电流是 2A，该小区多为两层建筑，约高 6m，

图 3-2　三相直流抽水泵外观

这里根据需求选择三相直流抽水泵，如图 3-2 所示，型号为 DC50E—2480S，如图 3-3 所示。

图 3-3　型号说明示意图

（3）特点

1）寿命长，无需保养，体积小效率高，功耗低。

2）大功率（电流 2A 以上）；由于采用了程序换向，控制电路板可以外置，泵体里面没有元器件，水泵可在 100℃ 的沸水中使用；水泵控制器中可以引出调速信号线，可实现 PWM 调速，0~5V 模拟信号调速，电位器手动调速；三相水泵有卡死保护、反接保护、过载保护、过电流保护。

3）24V 水泵扬程 8m，传送距离远。

考虑教学成本等多方面原因，在制作水塔水位模型时，采用微型直流抽水泵来代替。

（4）安装方法　微型直流抽水泵的安装方法如图 3-4 所示。

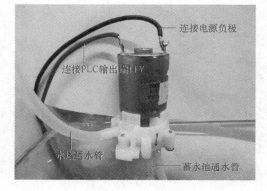

图 3-4　微型直流抽水泵安装示意图

三、液位传感器的介绍

1. 定义

液位传感器（Liquid Level Sensor）（静压液位计/液位变送器/液位传感器/水位传感器）是一种测量液位的压力传感器。

2. 分类

（1）接触式　包括：单液位变送器，双法兰差压液位变送器，浮球式液位变送器，磁

性液位变送器，投入式液位变送器，电动内浮球液位变送器，电动浮筒液位变送器，电容式液位变送器，磁致伸缩液位变送器，侍服液位变送器等。

（2）非接触式　分为超声波液位变送器、雷达液位变送器等。

3. 本项目对液位传感器的要求

本项目采用 PLC 控制，最好是不要有太多的外接电路，且由于液位传感器是放在蓄水池、楼顶水箱中，安装不太方便，因此需要性能稳定、可操作性强的液位传感器。综合以上考虑，光电液位传感器适合水塔水位系统液位传感器的需求。

但考虑教学成本都多方面原因，在制作水塔水位模型时，我们采用了浮球式液位传感器来代替。

（1）工作原理　浮球式液位传感器主要由磁簧开关和浮球组成。浮球内有磁性材料，在密闭的非导磁金属管或塑料管内设置一个或多个磁簧开关，然后将导管穿过一个或多个带有磁性材料的浮球，并利用固定双环控制浮球与磁簧开关在相关位置上，浮球随着液体上升或下降，利用球内靠近磁簧开关的接点产生开与关的动作，作液位控制或指示（当浮球靠近磁簧开关时导通，离开时开关断开）。

（2）特点　浮球式液位开关是一种结构简单、使用方便的液位控制器件，它具有不需要提供电源、没有复杂电路、比一般机械开关体积小、工作寿命长等优点。只要材质选用正确，浮球式液位开关可以在任何性质液体里或压力、温度下使用，其在造船工业、发电机设备、石油化工、食品工业、水处理设备、染整工业、油压机械等方面都得到广泛应用。

（3）安装方法　安装方法如图 3-5 所示。

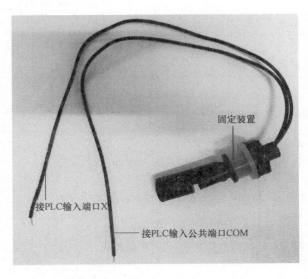

图 3-5　液位传感器安装示意图

说明：在制作蓄水池和水塔模型时，可以使用废弃的矿泉水瓶来代替，因此你只需要用电烙铁在矿泉水瓶上打两个大小合适的孔，将液位传感器穿过后，使用胶枪密封即可。

【任务实施】

自己需找材料制作水塔水位系统，包含蓄水池、水塔、4 个液位开关和直流抽水泵。

【任务评价】

在表 3-1 中，评价结论以"很满意、比较满意、还要加油哦"等方式进行，因为它能更有效地帮助和促进学生发展。小组成员互评时，在你认为合适的地方打"√"。组长和教师评价考核时，采用优（A）、良（B）、中（C）、差（D）四个等级。

表 3-1 任务评价

项目	评价内容	自我评价		
		很满意	比较满意	还要加油哦
职业素养考核项目	安全意识、责任意识强；工作严谨、敏捷			
	学习态度主动；积极参加教学安排的活动			
	团队合作意识强；注重沟通，相互协作			
	劳动保护穿戴整齐；干净、整洁			
	仪容仪表符合活动要求；朴实、大方			
专业能力考核项目	按时按要求完成水塔水位系统安装			
	传感器接线正确，调试合格			
	水泵正确安装及接线			
	水塔水位系统调试成功			
小组评价意见		综合等级	组长（签名）：	
教师评价意见		综合等级	教师（签名）：	

任务二 天塔之光控制程序的编写与调试

【任务目标】

通过教师讲解使学生能进行天塔之光控制程序的编写与调试。

【任务准备】

天塔之光模块。

【知识准备】

一、天塔之光控制系统

1. 系统设计思路

天塔之光是利用彩灯对天塔进行修饰，从而达到美化天塔的效果。彩灯的发光顺序可自由设计，可以是简单的流水灯，也可以是复杂的花式亮法。这里要强调的是，我们使用七段码数码管对彩灯的发光个数进行显示，增强了彩灯发光的直观性与观赏性。

2. 控制要求

上电后，小彩灯以每秒的间隔逐次递增发光，数码管显示当前彩灯发光个数。

3. 天塔之光模块

天塔之光模块如图 3-6 所示，没有天塔之光模块的学校，可考虑自行在万能板上焊接流水灯。接线方法参照项目一。

二、数据寄存器 D

1. 定义

寄存器用于数据的运算和存储，如对定时器、计数器、模拟量参数和运算等。

2. 数据寄存器的分类

1）非停电保持区域：D0 ~ D199（200 点）。

2）停电保持区域：D200 ~ D511（312 点）。

3. 举例说明用法

举例说明用法，如图 3-7 所示。

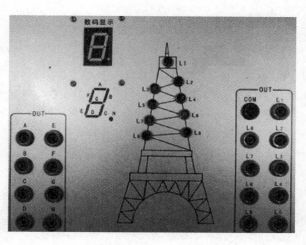

图 3-6　天塔之光模块

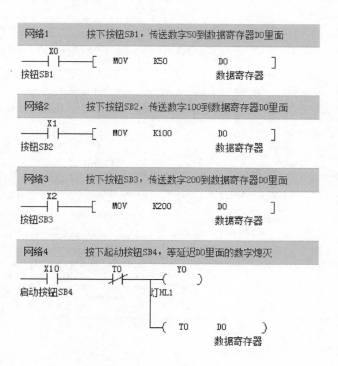

图 3-7　数据寄存器

三、七段数码管译码指令（SEGD）

1）该指令的功能是将数据源的低 4 位翻译成七段显示码，存放到目的变量的低 8 位中，指令描述见表 3-2。

表 3-2　SEGD 指令描述

指令名称	功能	位数（bits）	是否脉冲型	指令格式
SEGD	七段码译码	16	否	SEGD　(S)　(D)
SEGDP		16	是	

其中，(S) 为待译码的数据源（取 BIN 内容的最低 4 位 b0 ~ b3），操作数为 K、H、KnX、KnY、KnM、KnS、T、C、D、V、Z 等字元件；(D) 为译码后存放七段码的变量，操作数为 KnY、KnM、KnS、T、C、D、V、Z 等字元件。

2）编程示例：程序运行后，当 ├─┤X0├─[SEGD　(S)D0　(D)K2Y0] 中 X0 为 ON 时，

将 D0 内数据低 4 位译码后，输出到 Y00 ~ Y07 端口。翻译用的对应表见表 3-3。

表 3-3　七段数码管译码对照表

数据 十六进制数	数据 二进制数	数码管组合	内部译码表值 H	G	F	E	D	C	B	A	译码后字符
0	0000		0	0	1	1	1	1	1	1	0
1	0001		0	0	0	0	0	1	1	0	1
2	0010		0	1	0	1	1	0	1	1	2
3	0011		0	1	0	0	1	1	1	1	3
4	0100		0	1	1	0	0	1	1	0	4
5	0101		0	1	1	0	1	1	0	1	5
6	0110		0	1	1	1	1	1	0	1	6
7	0111		0	0	0	0	0	1	1	1	7
8	1000		0	1	1	1	1	1	1	1	8
9	1001		0	1	1	0	1	1	1	1	9
A	1010		0	1	1	1	0	1	1	1	A
B	1011		0	1	1	1	1	1	0	0	b
C	1100		0	1	1	1	0	0	0	1	C
D	1101		0	1	0	1	1	1	1	0	d
E	1110		0	1	1	1	1	0	0	1	E
F	1111		0	1	1	1	0	0	0	1	F

数码管组合示意（每位对应一个笔段 1=笔段点亮 0=笔段熄灭），笔段标注 A、B、C、D、E、F、G、H。

四、加 1 指令（INC）

1）该指令的功能是将指定软元件中数据加 "1"（+1），指令描述见表 3-4。

表 3-4　INC 指令描述

指令名称	功能	位数	是否脉冲型	指令格式
INC	指定软件元件数据二进制加 1	16	否	INC ⓓ
INCP		16	是	
DINC		32	否	
DINCP		32	是	

指令中ⓓ既是源操作数，也是存放结果的目的操作数；操作数为 KnY、KnM、KnS、T、C、D、V、Z。

2）编程示例，如图 3-8 所示。

程序运行后，X0 每执行一次，D0 中的数值增加 1。16 位运算时，32767 再加 1 变为 -32768；32 位运算时，2147483647 再加 1 变为 -2147483648。

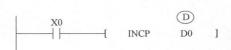

图 3-8　INCP 指令

五、I/O 分配表与 PLC 控制电气原理图绘制

1）参考 I/O 分配表见表 3-5。

表 3-5　天塔之光 I/O 分配表

输入			输出		
序号	功能说明	地址编号	序号	功能说明	地址编号
1	起动按钮 SB0	X0	1	彩灯 L1	Y0
2	停止按钮 SB1	X1	2	彩灯 L2	Y1
			3	彩灯 L3	Y2
			4	彩灯 L4	Y3
			5	彩灯 L5	Y4
			6	彩灯 L6	Y5
			7	彩灯 L7	Y6
			8	彩灯 L8	Y7
			9	彩灯 L9	Y10
			10	数码管 A 段	Y11
			11	数码管 B 段	Y12
			12	数码管 C 段	Y13
			13	数码管 D 段	Y14
			14	数码管 E 段	Y15
			15	数码管 F 段	Y16
			16	数码管 G 段	Y17

2）参考的 PLC 电气控制原理图如图 3-9 所示。

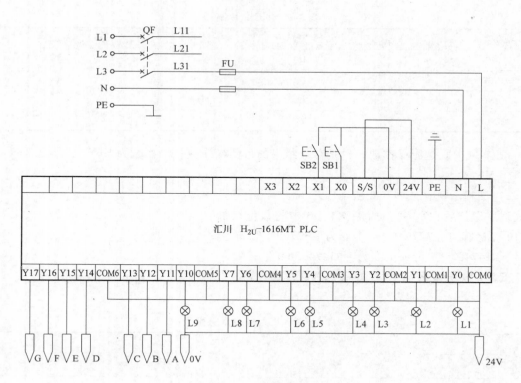

图 3-9　天塔之光 PLC 电气控制原理图

六、天塔之光 PLC 控制参考程序如图 3-10 和图 3-11 所示。

【任务实施】

自行设计一个彩灯的发光顺序，画出 I/O 分配表，编辑程序并展示出来。

【任务评价】

在表 3-6 中，评价结论以"很满意、比较满意、还要加油哦"等方式进行，因为它能更有效地帮助和促进学生发展。小组成员互评时，在你认为合适的地方打"√"。组长和教师评价考核时，采用优（A）、良（B）、中（C）、差（D）四个等级。

表 3-6　任务评价

项目	评价内容	自我评价		
		很满意	比较满意	还要加油哦
职业素养考核项目	安全意识、责任意识强；工作严谨、敏捷			
	学习态度主动；积极参加教学安排的活动			
	团队合作意识强；注重沟通,相互协作			
	劳动保护穿戴整齐；干净、整洁			
	仪容仪表符合活动要求；朴实、大方			

（续）

项目	评价内容	自我评价		
		很满意	比较满意	还要加油哦
专业能力考核项目	按时按要求完成彩灯的发光顺序程序并实现功能			
	译码指令切实掌握及灵活应用			
	各指令的合理应用及程序最简化			
	I/O 接线正确完成			
小组评价意见		综合等级	组长（签名）：	
教师评价意见		综合等级	教师（签名）：	

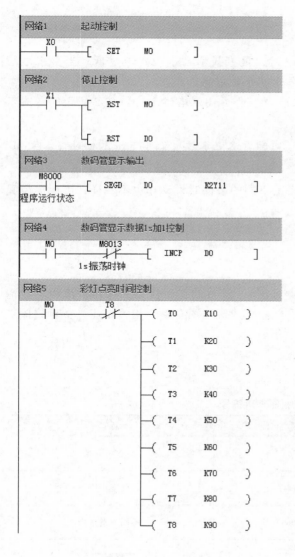

图 3-10 天塔之光程序 1

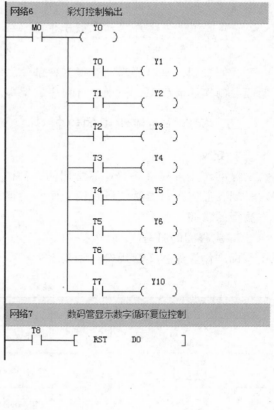

图 3-11 天塔之光程序 2

> **任务三** 水塔水位程序的编写与调试

【任务目标】

通过教师讲解使学生能进行水塔水位程序的编写。

【任务准备】

计算机、AutoShop 编程软件。

【知识准备】

一、水塔水位程序控制要求

当蓄水池液面低于下限水位（SQ2 得电）时，报警显示蓄水池水位过低；当蓄水池液面高于上限水位（SQ1 得电）时，报警显示蓄水池水位过高。

水塔水位低于下限水位（SQ4 得电），水泵 M 工作，向水塔供水；当 SQ3 得电时，表示水位高于下限水位，此时水泵 M 停泵。

>> 注意 | 当水塔水位低于下限水位，同时蓄水池水位也低于下限水位时，水泵 M 不起动。

我们看到，水泵要起动有很多种条件，满足不同的条件时，动作也不一样，因此需要我们能绘制作业流程图，便于进行程序的编写。

二、标准作业流程图的绘制

1. 定义

标准作业流程（是企业界常用的一种作业方法），其目的在于使每一项作业流程均能清楚呈现，任何人只要看到流程图，便能一目了然。作业流程图有助于相关作业人员对整体工作流程的掌握。

2. 流程图的符号

标准作业流程图常用符号见表 3-7。

表 3-7 流程图常用符号

符号	名称	意义
	准备作业（Start）	流程图开始
	处理（Process）	处理程序
	决策（Decision）	不同方案选择
	终止（END）	流程图终止

（续）

符号	名称	意义
 →（箭头）	路径（Path）	指示路径方向
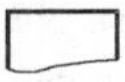 ▭	文件（Document）	输入或输出文件
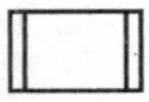 ▯	已定义处理（Predefined Process）	使用某一已定义之处理程序
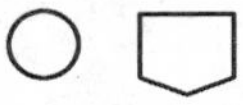 ○ ⬠	连接（Connector）	流程图向另一流程图之出口；或从另一地方之入口
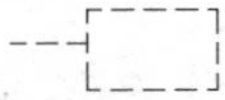 ⬚	批注（Comment）	表示附注说明之用

3. 流程图的结构说明

（1）循环结构

1）循环结构流程图如图 3-12 所示。

2）意义：处理程序循序进行。

3）语法：DO 处理程序 1 THEN DO 处理程序 2。

4）运用场合：本结构适用于具有循序发生特性的处理程序，而绘制图形上下顺序就是处理程序进行的顺序。

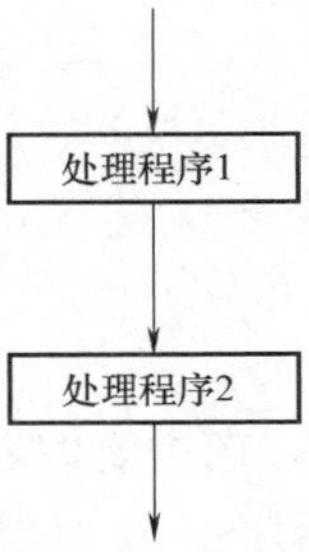

（2）选择结构

1）选择结构流程图如图 3-13 所示。

2）意义：流程依据某些条件，分别进行不同处理程序。

3）语法：IF 条件 THEN DO 处理程序 1 ELSE DO 处理程序 2。

4）运用场合：①本结构适用于须经选择或决策过程，再依据结果择一进行不同处理的程序；②选择或决策结果，可以用「是、否」、「通过、不通过」或其他相对文字来说明不同路径处理程序；③经选择或决策结果的二元处理程序，可以仅有一个，例如：仅有「是」或「否」的处理程序。

（3）重复结构

1）重复结构流程图如图 3-14 所示。

2）意义：重复执行处理程序直到满足某一条件为止，即直到条件变成真（True）为止。

3）语法：REPEAT-UNTIL 条件 DO 处理程序。

4）运用场合：本结构适用于处理程序依据条件需重复执行的情况，本重复结构是先判断条件是否成立，若不成立再执行处理程序；若成立，则跳转至下一个流程。

三、指示灯闪烁报警程序（三种方法）

1. 用特殊时间辅助继电器 M8013 实现闪烁报警程序

在前面已讲述，这里不再重复。

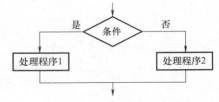

图 3-12 循环结构流程图

图 3-13 选择结构流程图

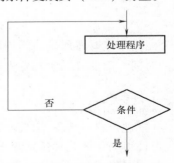

图 3-14 重复结构流程图

2. 用 ALT 交替输出指令实现闪烁报警程序

1）定义：ALT 指令被称之为交替输出指令，即得电输出高电平，再次得电输出低电平，如此交替输出。

2）举例：按下起动按钮，灯以 2s 的频率闪烁，即亮 1s 灭 1s，其控制程序如图3-15所示。在这个程序中改变脉冲信号频率即可改变闪烁的频率，但闪烁的发光时间和熄灭时间是一样的。

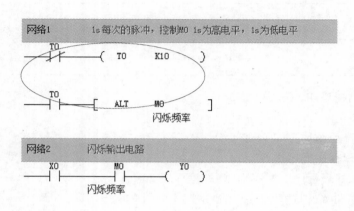

图 3-15　ALT 交替输出指令

3. 两个定时器的报警电路

用两个定时器实现闪烁报警程序如图 3-16 所示。

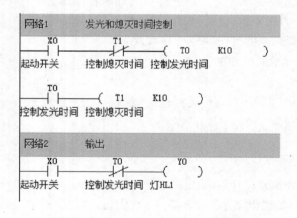

图 3-16　两个定时器的闪烁报警程序

用两个定时器所做的闪烁电路，一个定时器控制灯发光的时间，另一个定时器控制灯熄灭的时间，因此可以实现发光和熄灭的时间不一样。

【任务实施】

1）进行水塔水位 I/O 分配表的绘制，将结果填入表 3-8。

2）根据任务要求绘制水塔水位系统的作业流程图。

3）根据控制要求编写程序。

表 3-8 I/O 分配表

输 入			输 出		
序号	功能说明	地址编号	序号	功能说明	地址编号

【任务评价】

在表 3-9 中，评价结论以"很满意、比较满意、还要加油哦"等方式进行，因为它能更有效地帮助和促进学生发展。小组成员互评时，在你认为合适的地方打"√"。组长和教师评价考核时，采用优（A）、良（B）、中（C）、差（D）四个等级。

表 3-9 任务评价

项目	评价内容	自我评价		
		很满意	比较满意	还要加油哦
职业素养考核项目	安全意识、责任意识强；工作严谨、敏捷			
	学习态度主动；积极参加教学安排的活动			
	团队合作意识强；注重沟通，相互协作			
	劳动保护穿戴整齐；干净、整洁			
	仪容仪表符合活动要求；朴实、大方			
专业能力考核项目	按时按要求完成水塔水位程序并实现功能			
	标准作业流程图的正确绘制			
	各指令的合理应用及程序最简化			
	I/O 接线正确完成			
小组评价意见		综合等级	组长（签名）：	
教师评价意见		综合等级	教师（签名）：	

任务四　水塔水位控制系统的安装与调试

【任务目标】

通过教师讲解使学生能进行水塔水位控制系统的安装与调试。

【任务准备】

计算机、直流水泵、汇川 H_{2U}-1616MT PLC、连接线等。

【知识准备】

一、工作任务控制要求

小区物业管理人员按下起动按钮，水塔水位控制系统起动，运行指示灯（绿色指示灯）点亮；如果水塔水位达到下限，则直流水泵自动起动，将水从蓄水池中抽到水塔中，水塔水位达到上限时，直流水泵自动停止，完成抽水；在抽水过程中，为防止水泵干抽而损坏，当蓄水池中的水达到下限位时，直流水泵立即停止运行，同时蓄水池下限位报警灯（红色指示灯）闪烁，提示此时蓄水池中的水达到下限位，需要人工开阀门放水；当蓄水池中的水达到上限位时，蓄水池上限位报警灯（黄色指示灯）闪烁，提示此时蓄水池中的水达到上限位，需要人工将放水阀门关闭。在对蓄水池和水塔进行清洗时，可按下停止按钮关闭水塔水位控制系统，此时，运行指示灯熄灭。

二、水塔水位控制系统模型

水塔水位控制系统模型如图 3-17 所示。

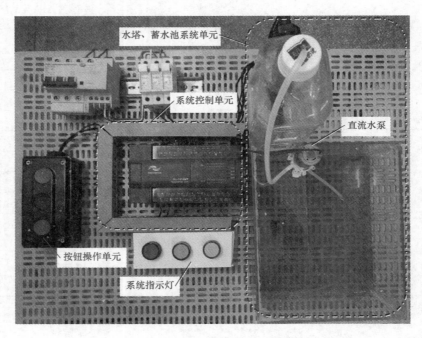

图 3-17　水塔水位控制系统模型图

三、材料与工具清单

根据系统模型图填写材料清单与工具清单见表 3-10、表 3-11。

表 3-10 材料清单

序号	材料名称	规格与型号	数量	备注
1	漏电断路器	DZ47LE-32	1	
2	熔断器	RT18-32	1	
3	PLC	汇川 H$_{2U}$-1616MT	1	
4	直流水泵	RS-360S(24V)	1	
5	液位传感器		1	鸭嘴式、黑,侧装
6	蓄水池		1	自制
7	水塔		1	自制
8	指示灯	AD58B-220V	1	红色
9	指示灯	AD58B-220V	1	绿色
10	指示灯	AD58B-220V	1	橙色
11	按钮	LA68B	2	红、绿色各一个
12	行线槽	30mm×25mm	若干	
13	导线	BVR1×1.0mm^2	若干	
14	电工网板		1	

表 3-11 工具清单

序号	工具名称	规格与型号	数量	备注
1	十字螺钉旋具	PH1×75	1	
4	斜口钳	5号	1	
5	尖嘴钳	5号	1	
6	压线钳	0.2~5.5mm^2	1	

四、I/O 分配表与 PLC 控制电气原理图绘制

1）I/O 分配表见表 3-12。

表 3-12 水塔水位控制系统 I/O 分配表

输入			输出		
序号	功能说明	地址编号	序号	功能说明	地址编号
1	起动按钮 SB1	X0	1	直流水泵	Y0
2	停止按钮 SB2	X1	2	运行指示灯 HL1	Y1
3	蓄水池水位下限位	X2	3	下限位报警指示灯 HL2	Y2
4	蓄水池水位上限位	X3	4	上限位报警指示灯 HL3	Y3
5	水塔水位下限位	X4	5		
6	水塔水位上限位	X5	6		

2）参考的 PLC 电气控制原理图如图 3-18 所示。

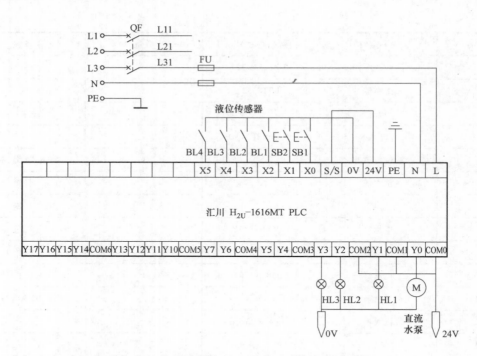

图 3-18 水塔水位控制系统 PLC 电气控制原理图

五、电气线路安装

按照自动洗车输送系统模型图完成线路安装，具体安装步骤如下：

1）配电单元、系统控制单元、按钮操作单元及系统指示灯电气线路安装如图 3-19 所示。

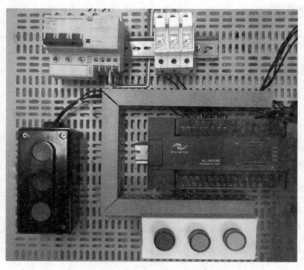

图 3-19 控制部分电气线路安装

2）水塔、蓄水池系统单元电气线路安装：将液位传感器安装到自制的水塔、蓄水池上，再将直流水泵固定在蓄水池上方，然后完成整个系统的电气线路的安装，如图 3-20 所示。

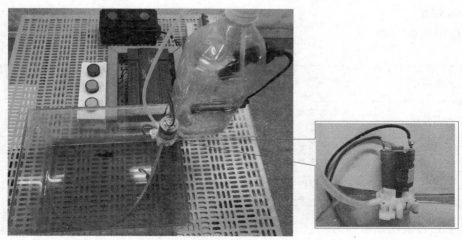

图 3-20 水塔、蓄水池系统单元线路安装

六、编写控制程序

根据系统控制要求，完成控制程序的编写，参考程序如图 3-21 所示。

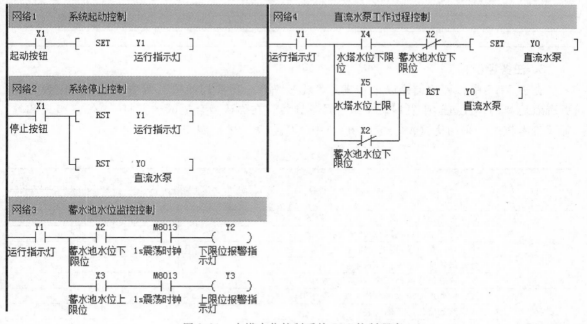

图 3-21 水塔水位控制系统 PLC 控制程序

【任务实施】

按照前面所讲述的内容以小组为单位制作一个简单的水塔水位的模型，并编制程序实现基本功能。

【任务验收与评价】

1. 验收细则

验收细则见表3-13。

表3-13 验收细则

序号	验收项目	验 收 标 准	自我检验	教师评分 （每项100分）	权重
1	产品外观	选用的蓄水池和水箱的材料是否合理、美观、环保			20%
2	线路	电路连接是否准确,导线处理是否合理、美观			20%
3	程序编辑	程序编辑是否符合要求			20%
4	测试	能按照求进行演示			40%
5	教师评价总分	（最后算入总评表）			

2. 验收过程情况记录

验收过程情况记录见表3-14。

表3-14 验收过程情况记录表

验收问题记录	整 改 措 施	完成时间	备 注

3. 任务评价

在表3-15中，评价结论以"很满意、比较满意、还要加油哦"等方式进行，因为它能更有效地帮助和促进学生发展。小组成员互评时，在你认为合适的地方打"√"。组长和教师评价考核时，采用优（A）、良（B）、中（C）、差（D）四个等级。

表3-15 任务评价

项目	评 价 内 容	自 我 评 价		
		很满意	比较满意	还要加油哦
职业素养 考核项目	安全意识、责任意识强;工作严谨、敏捷			
	学习态度主动;积极参加教学安排的活动			
	团队合作意识强;注重沟通,相互协作			
	劳动保护穿戴整齐;干净、整洁			
	仪容仪表符合活动要求;朴实、大方			
专业能力 考核项目	按时按要求完成水塔水位系统及程序编辑			
	各线路元器件的正确安装			
	程序正确编写及调试成功			
	整套系统调试成功并实现功能			
小组评价 意见		综合等级	组长（签名）：	
教师评价 意见		综合等级	教师（签名）：	

4. 工作过程回顾并写工作总结

1）请回忆你在完成"水塔水位的控制"项目的过程中遇到过哪些问题和困难？你做好记录了吗？你是如何解决这些问题和困难的？从中可以总结出哪些经验和教训？

_____

_____

_____

_____

_____。

2）在团队学习的过程中，项目负责人给你分配了哪些工作任务？你是如何完成的？你对其结果满意吗？如果请你对你自己的工作和表现打分，应该是多少分？还有哪些需要和提高的地方？

_____

_____

_____

_____。

3）在此项目的学习过程中，你认为团队精神重要吗？你是如何与小组其他成员合作的？请列举1、2实例与大家一起分享。

_____

_____

_____

_____。

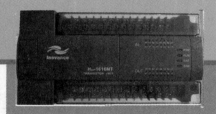

项目四

生产线的控制

【项目目标】

1）操作三菱 FR-E740 变频器面板按键，并进行正确接线。

2）设置三菱 FR-E740 变频器常见参数。

3）使用特殊辅助继电器 M8002 进行步进指令初始状态的设置。

4）进行交流减速电动机控制电路的接线。

5）进行生产线转速、转向控制电路的电气线路安装。

6）使用步进指令编辑程序完成生产线转速、转向控制。

【工作流程与内容】

任务一　三菱 FR-E740 变频器面板按键操作与接线。

任务二　三菱 FR-E740 变频器常用参数的设置。

任务三　工件分拣机构控制程序的编写与调试。

任务四　生产线控制线路的装调与程序编写。

项 目 描 述

　　某企业由于生产线的改进，需重新安装由汇川 PLC、三菱 E740 变频器共同控制的先进生产线设备。设备安装需遵循国家电气安装相关要求，程序符合生产线转向、转速控制要求。使用内六角扳手、十字螺钉旋具等工具，规范操作，在 24 个课时内完成项目。

任务一　　三菱 FR-E740 变频器面板按键操作与接线

【任务目标】

　　通过教师讲解使学生能进行 FR-E740 变频器面板按键操作并进行正确接线。

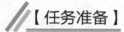【任务准备】

三菱 FR-E740 变频器。

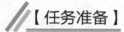【知识准备】

一、三菱 FR-E740 变频器的型号、结构与功能

1. 三菱 FR-E740 变频器介绍及功能

（1）介绍　三菱变频器是利用电力半导体器件的通断作用变换工频电源频率的电能控制装置。三菱变频器主要采用交—直—交方式（VVVF 变频或矢量控制变频），先把工频交流电源通过整流器转换成直流电源，然后再把直流电源转换成频率、电压均可控制的交流电源以供给电动机。三菱变频器的电路一般由整流、中间直流环节、逆变和控制 4 个部分组成。整流部分为三相桥式不可控整流器，逆变部分为 IGBT 三相桥式逆变器，且输出为 PWM 波形，中间直流环节为滤波、直流储能和缓冲无功功率。

（2）功能　电动机使用变频器的作用就是为了调速，并降低起动电流。

2. 三菱 FR-E740 变频器的型号介绍

三菱变频器型号含义如图 4-1 所示。

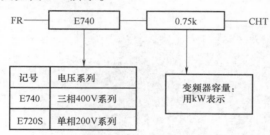

图 4-1　三菱变频器型号含义

3. 三菱 FR-E740 变频器的面板结构介绍

（1）前视图　变频器前视图如图 4-2 所示。

图 4-2　变频器前视图

（2）前盖板　变频器前盖板如图4-3所示。

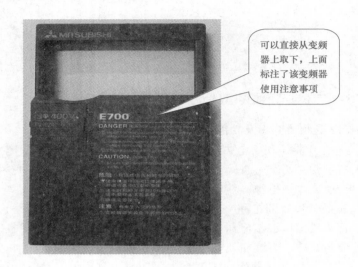

可以直接从变频器上取下，上面标注了该变频器使用注意事项

图4-3　变频器前盖板

（3）变频器内部　拆掉前盖板和辅助板，变频器内部结构如图4-4所示。

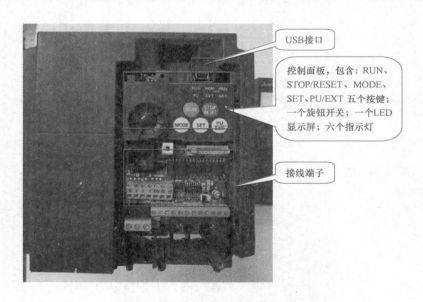

USB接口

控制面板，包含：RUN、STOP/RESET、MODE、SET、PU/EXT 五个按键；一个旋钮开关；一个LED显示屏；六个指示灯

接线端子

图4-4　变频器内部结构图

（4）铭牌示意图　变频器铭牌示意图如图4-5所示。

二、三菱 FR-E740 变频器的连接

1. 三菱 FR-E740 变频器接线端子介绍

（1）接线端子图　变频器接线端子图如图4-6所示。

（2）接线端子口　变频器接线端子口总示意图如图4-7所示。

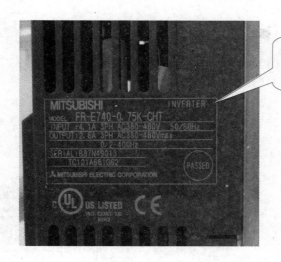

识读铭牌，注意该变频器的额定电压、电流、频率等

图 4-5　变频器铭牌示意图

① 接点输入端子

STF：正转起动。

STR：反转起动。

>> **注意** │ 同时给正转和反转信号，相当于给停止指令。

RL、RM、RH：多段速选择。

MRS：输出停止。

RES：复位端。

SD：公共输入端子，接点输入端子的公共端。直流 24V、0.1A（PC 端）电源的公共输出端。

PC：电源输出和外部晶体管公共端，接点输入公共端。

② 频率设定输入端子

10：频率设定用电源。

2：频率设定电压。

5：频率设定公共端。

4：频率设定电流。

③ 继电器输出端子

A、B、C：异常输出，指示变频器因保护功能动作而输出停止的转换接点。

④ 集电极开路输出端子

SE：集电极开路时输出公共端。

RUN：变频器正在运行。

FU：频率检测。

AM：模拟信号输出。

（3）输入、输出接线端口　变频器输入、输出接线端子示意图如图 4-8 所示。

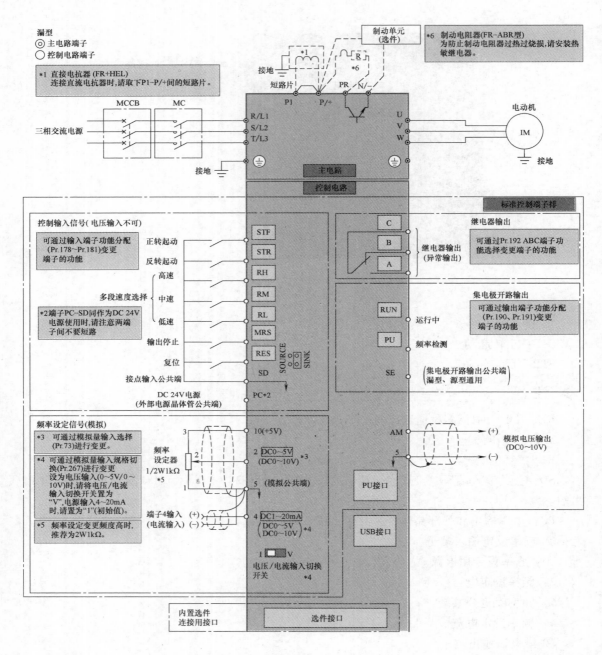

图 4-6　FR-E740 变频器接线端子图

2. 变频器接线方法

（1）控制回路的接线方法

1）剥开电线的线皮使用，电线的规格印在变频器上，请参考下边的尺寸。电线剥开得过长，容易发生与相邻电线的短路；太短则容易使电线脱落。

2）当使用棒状端子和单线时请使用直径 0.9mm 以下的；若使用 0.9mm 以上，拧紧时容易使螺钉滑丝。

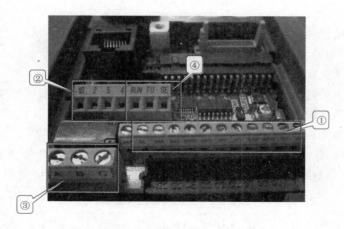

图 4-7 变频器接线端子口总示意图

图 4-8 变频器输入、输出接线端子示意图

3）拧松端子螺钉把电线插入端子。

4）按规定的拧紧力矩拧紧螺钉。没有拧紧的话容易产生脱线误动作；拧得过紧容易发生因螺钉单元的破碎而造成短路误动作。

>> **注意** | 剥下的线头不要乱扔，请统一处理；还有不要进行焊锡处理。

（2）端子口的接线 变频器端子口接线示意图如图 4-9 所示。

1）端子 SD、SE 和 5 为输入输出信号的公共端，这些端子不要接地。

2）控制回路端子的接线应使用屏蔽线或双绞线，而且必须与主回路、强电回路（含 220V 继电器控制回路）分开布线。

3）由于控制回路的频率输入信号是微小电流，所以在接点输入的场合，为了防止接触不良，微小信号接点应使用两个并联的接点或使

图 4-9 变频器端子口接线示意图

用双生接点。

4）控制回路的接线建议选用 $0.3mm^2 \sim 0.75mm^2$ 的多股导线。

（3）变频器主电路接线　变频器主电路接线示意图如图4-10所示。

1）电源及电动机接线端子，请使用带有绝缘端的端子。

2）电源一定不要接到变频器输出端口（U、V、W），否则会损坏变频器。

2）接线后，零碎线头必须清理干净，否则会造成变频器故障。

4）为使电压下降在2%以内，请使用合适的电源连接线。

5）长距离布线时，由于受布线的寄生电容充电电流的影响，会使快速响应电流的限制电流降低，使接与两侧的仪器误动作而产生故障，因此最大布线长度应小于表4-1中的值。

表4-1　变频器布线长度值

变频器的容量/kV·A		0.4	0.75	1.5	2.2	3.7以上
非超低噪声模式	200V系列	300m	500m	500m	500m	500m
	400V系列	200m	200m	300m	500m	500m
超低噪声模式	200V系列	200m	300m	500m	500m	500m
	400V系列	30m	100m	200m	300m	500m

图4-10　变频器主电路接线示意图

（4）总接线图　变频器总装接线示意图如图4-11所示。

图4-11　变频器总装接线示意图

【任务实施】

按照如图 4-6 所示，正确连接变频器与外部接线，并使用号码管标注。

【任务评价】

在表 4-2 中，评价结论以"很满意、比较满意、还要加油哦"等方式进行，因为它能更有效地帮助和促进学生发展。小组成员互评时，在你认为合适的地方打"√"。组长和教师评价考核时，采用优（A）、良（B）、中（C）、差（D）四个等级。

表 4-2　任务评价

项目	评 价 内 容	自 我 评 价		
		很满意	比较满意	还要加油哦
职业素养考核项目	安全意识、责任意识强；工作严谨、敏捷			
	学习态度主动；积极参加教学安排的活动			
	团队合作意识强；注重沟通，相互协作			
	劳动保护穿戴整齐；干净、整洁			
	仪容仪表符合活动要求；朴实、大方			
专业能力考核项目	变频器型号意义掌握			
	变频器内外部结构掌握			
	能够进行变频器外部接线			
	正确连接变频器与外部接线，并使用号码管标注			
小组评价意见		综合等级	组长（签名）：	
教师评价意见		综合等级	教师（签名）：	

任务二　三菱 FR-E740 变频器常用参数的设置

【任务目标】

通过教师讲解使学生能进行三菱 FR-E740 变频器常用参数的设置。

【任务准备】

三菱 FR-E740 变频器、交流减速电动机。

【知识准备】

一、变频器的基本操作

1. 操作面板各部分介绍

三菱 FR-E740 变频器操作面板如图 4-12 所示。

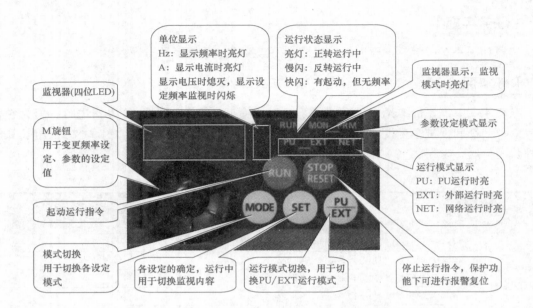

图 4-12　三菱 FR-E740 变频器操作面板

注意：操作面板不能从变频器上拆下

2. 基本操作（参数为出厂设定值）

（1）运行模式切换（Pr. 79 = "0"）　接通电源后，变频器此时运行模式为外部运行模式，可通操作面板 "PU/EXT" 按键进行运行模式的切换，具体操作如图 4-13 所示。

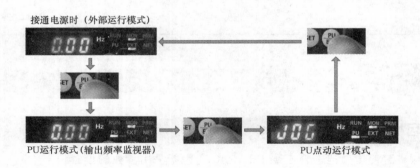

图 4-13　运行模式切换

（2）监视器及频率设定　在 PU 运行模式下，通过操作面板 "SET" 按键切换监视器显示内容；通过操作面板 "M 旋钮" 和 "SET" 按键设置变频器运行时输出频率。具体操作如图 4-14 所示。

（3）参数设定　在 PU 运行模式下，通过操作面板 "MODE" "SET" 按键及 "M 旋钮" 进行参数设定，具体操作如图 4-15 所示。

（4）恢复出厂设置　在参数设定模式下，通过操作面板 "M 旋钮" 和 "SET" 按键进行恢复参数初始值，具体操作如图 4-16 所示。

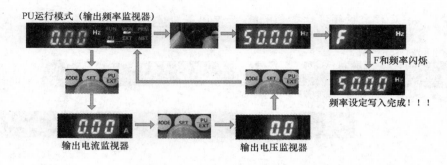

图 4-14 监视器及频率设定

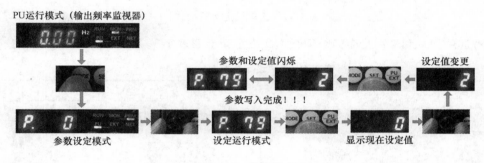

图 4-15 参数设定

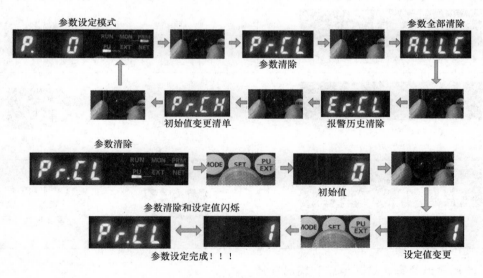

图 4-16 恢复出厂设置

二、变频器的常用参数设置

1. 简单设定运行模式

变频器的运行模式由参数编号 Pr.79 的设定值来确定，不同的设定值对应不同的运行方法。简单设定运行模式如图 4-17 所示。

>> **注意** | 运行中不能进行参数设定,应关闭起动指令。

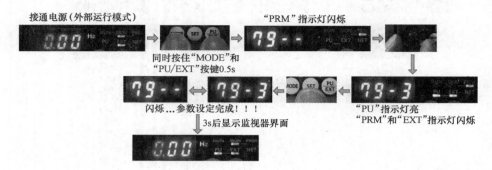

图 4-17　简单设定运行模式

各种起停指令和频率指令组合运行模式设定请参照表4-3。

表 4-3　简单设定运行模式参照表

操作面板显示	运 行 模 式	
	起停指令	频率指令
79-1　"PRM"和"PU"指示灯闪烁	RUN STOP RESET	旋钮调节
79-2　"PRM"和"EXT"指示灯闪烁	外部（STF、STR）	外部信号输入（模拟电压输入或多段速选择）
79-3　"PRM"和"EXT"指示灯闪烁　"PU"指示灯亮	外部（STF、STR）	旋钮调节
79-4　"PRM"和"PU"指示灯闪烁　"EXT"指示灯亮	RUN STOP RESET	外部信号输入（模拟电压输入或多段速选择）

2. 监视输出频率、输入电流和输出电压

变频器运行时,在监视模式中按"SET"键可以切换输出频率、输出电流和输出电压的监视器显示,用于监视当前的输出频率、输入电流和输出电压,具体操作如图4-18所示。

如要改变监视器第一优先显示的内容,可先切换到该优先显示界面,然后按住"SET"按键持续1s,即可将该界面显示内容设置为监视模式下最先显示的内容。

3. 变更参数的设定值

在运行变频器前,应根据设备控制要求对变频器进行相应的参数设定,下面以变更

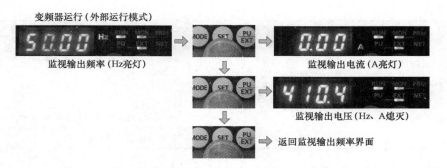

图 4-18 监视输出模式设定

Pr. 1 上限频率的设定值为例，介绍如何进行参数设定值的变更，具体操作如图 4-19 所示。

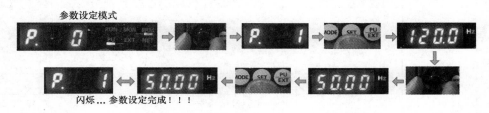

图 4-19 变更参数设定值

进入参数设定模式后，旋转"M 旋钮"可以读取其他参数；按"SET"按键可显示对应参数的设定，按两次"SET"按键可显示下一个参数。

4. 常用模式参数一览表（见表 4-4）

表 4-4 常用模式参数一览表

参数编号	名称	调节步长	初始值	设定值范围	参数用途
0	转矩提升（%）	0.1	6.0	0~30	施加负载后电动机不转或输出报警且发生跳闸的情况下使用，提高低频时电动机的起动转矩
1	上限频率/Hz	0.01	120	0~120	设定输出频率的上限值
2	下限频率/Hz	0.01	0	0~120	设定输出频率的下限值
3	基准频率/Hz	0.01	50	0~400	设定电动机的额定频率
4	3 速设定（高速）/Hz	0.01	50	0~400	设定 RH 为 ON 时的频率
5	3 速设定（中速）/Hz	0.01	30	0~400	设定 RM 为 ON 时的频率
6	3 速设定（低速）/Hz	0.01	10	0~400	设定 RL 为 ON 时的频率
7	加速时间/s	0.1	5	0~3600	设定电动机加速时间
8	减速时间/s	0.1	5	0~3600	设定电动机减速时间
9	电子过电流保护/A	0.01	2.21	0~500	设定电动机的额定电流
77	参数写入选择	1	0	0	仅限于停止时可以写入
				1	不可写入参数
				2	在所有运行模式中无限制地写入

（续）

参数编号	名称	调节步长	初始值	设定值范围	参 数 用 途
79	运行模式选择	1	0	0、1、2、3、4、6、7	设定变频器运行模式,选择启停控制和频率设定方式
160	用户参数组读取选择	1	0	0	显示所有参数
				1	只显示注册到用户组中的参数
				9999	只显示简单模式参数

5. 变频器起动指令和频率指令设定方式的选择（Pr. 79）（见表 4-5）

表 4-5   起动指令和频率指令设定方式的选择参照表

参数编号	名称	初始值	设定值	运行模式操作方式	
79	运行模式选择	0	0	外部/PU 切换模式 电源接通时为外部运行模式,通过 可切换 PU、外部运行模式	
			1	PU 运行模式固定	
			2	外部运行模式固定 可以切换外部、网络运行模式进行运行	
			3	外部/PU 组合运行模式 1	
				起停指令	频率指令
				外部信号输入端(端子 STF、STR)	用操作面板上"M 旋钮"设定或外部信号输入(多段速设定)
			4	外部/PU 组合运行模式 2	
				起停指令	频率指令
				通过操作面板的 RUN 和 STOP RESET 按键	外部信号输入(端子 2、4、多段速选择等)
			6	切换模式 可以一边继续运行状态,一边实施 PU 运行、外部运行、网络运行的切换	
			7	外部运行模式(PU 运行互锁)	

【任务实施】

1）将变频器参数调节设置为外部启停、内部调频模式,同时设置上限频率为 50Hz,下限频率为 10Hz。设置变频器的高速为 50Hz,中速为 30Hz,低速为 10Hz,实现生产线上交流减速电动机的正反运转。

2）将变频器 Pr. 79 设置为 0,实现变频器内外部运行的相互切换,监控在频率调节模式下频率为 50Hz 时的电流与电压。

【任务评价】

在表4-6中，评价结论以"很满意、比较满意、还要加油哦"等方式进行，因为它能更有效地帮助和促进学生发展。小组成员互评时，在你认为合适的地方打"√"。组长和教师评价考核时，采用优（A）、良（B）、中（C）、差（D）四个等级。

表4-6　任务评价

项目	评价内容	自我评价		
		很满意	比较满意	还要加油哦
职业素养考核项目	安全意识、责任意识强；工作严谨、敏捷			
	学习态度主动；积极参加教学安排的活动			
	团队合作意识强；注重沟通，相互协作			
	劳动保护穿戴整齐；干净、整洁			
	仪容仪表符合活动要求；朴实、大方			
专业能力考核项目	掌握变频器四中工作模式			
	掌握变频器的设置方法			
	变频器常用参数熟记			
	按照要求正确设置及连接变频器并实现功能			
小组评价意见		综合等级	组长（签名）：	
教师评价意见		综合等级	教师（签名）：	

任务三　工件分拣机构控制程序的编写与调试

【任务目标】

通过教师讲解使学生能使用步进指令和特殊辅助继电器编写程序。

【任务准备】

计算机、汇川 PLC。

【知识准备】

一、步进指令

1. 步进指令简介

步进指令用于在大型程序中各个程序段建立联结点，特别适用于顺序控制。通常把整个系统的控制程序划分为若干个程序段，每个程序段对应于工艺过程的一个部分。用步进指令可按指令顺序分别执行各个程序段，但必须在执行完上一个程序段后才能执行下一段，同时，在下一段执行之前，CPU要清除数据区并使定时器复位。

2. 步进指令作用（见表4-7）

当激活某一步时，只执行当前步的动作，与其他步无关。一旦下个状态被激活，上个状态将会被关闭。

3. 状态元件 S

PLC总共有1000个状态元件（状态寄存器），它是构成步进顺序控制的重要组成，也是构成步进转移图的基本元件。

表4-7　状态元件作用参照表

状态元件	作　用	状态元件	作　用
S0 ~ S9	步进的开始	S500 ~ S899	电池后备,在掉电时也能保持状态
S10 ~ S19	多运行模式中返回初始状态	S900 ~ S999	报警元件
S20 ~ S499	步进的中间状态(普通步)		

4. 步进指令的组成（见表4-8）

1）步进的开始（STL）：STL指令的意义为激活某个状态，是步进的开始。它是与左母线连接常开触点指令。

2）步进的结束（RET）：RET指令用于返回主母线，是步进的结束。

表4-8　步进指令组成参照表

助记符名称	操作功能	梯形图与目的元件	程序步数
STL	步进开始	S20 STL　　X0　　Y0	1
RET	步进结束	RET	1

5. 步进指令的二要素

1）步的动作。

2）步的转换条件。

6. 几点说明

1）STL指令的左端总是与梯形图左母线相连，右端接输出或转移条件。也就是说，STL指令有建立子母线的功能，当某个状态被激活时，步进梯形图上的母线就转移到子母线上，所有操作均在子母线上进行。由此可见，步进指令具有主控功能。

2）步进指令STL只对状态元件S有效，不能用于非状态元件，只有步进接点才能驱动状态元件S。使用STL指令后的状态元件，才具有步进控制功能。当不用于状态时，与普通继电器完全一样，可使用LD、LDI、AND、ANI、OR、ORI、SET和RST指令等。无论S元件是否用于状态，都可以当作继电器使用。

3）当一个新状态被 STL 指令置位时，其前一状态就自动被复位。

4）步进接点断开时，与其连接的电路会停止执行，若要保持普通线圈的输出，可使用 SET 指令。

二、特殊辅助继电器 M8000、M8002

1）M8000 就是 PLC 只要是运行状态就一直接通。

2）M8001 与 M8000 相反，PLC 运行时是断开的。

3）M8002 在 PLC 运行开始一瞬间接通，之后一直断开，一般用于驱动步进初始状态。

三、编程方法与注意事项

1. 编程方法

1）梯形图，如图 4-20 所示。

2）指令表，如图 4-21 所示。

3）顺序功能图，如图 4-22 所示。

以 3 盏流水灯为例，按下起动按钮 SB1，灯 HL1 发光 1s 后转为灯 HL2 发光，1s 后转为灯 HL3 发光，如此循环。

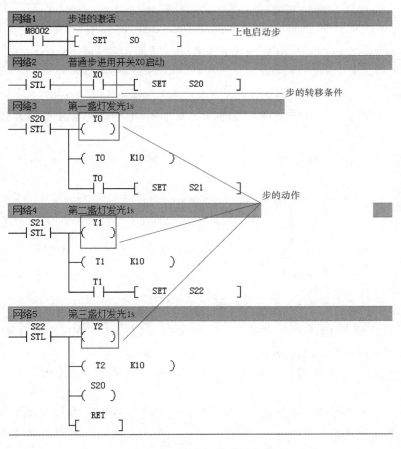

图 4-20　流水灯梯形图程序

2. 编程注意事项

1）3 种编程状态可在查看中任意切换，如图 4-22 所示。但有时顺序控制图不可逆转，使用时应注意。

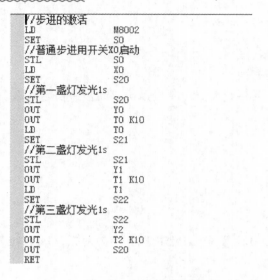

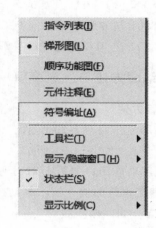

图 4-21 流水灯指令表程序   图 4-22 程序编辑方法切换示意图

2）初始状态的编辑：S0～S9 专用作初始状态，一般用 M8002 来起动。

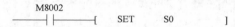

>> 注意 每一初始状态下的分支总和不超过 16 个，每一个分支点上引出的分支不超过 8 个。

3）一般状态的编辑：先驱动后转移，如图 4-23 所示。

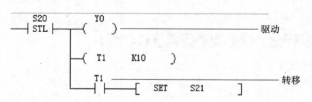

图 4-23 一般状态编辑示意图

4）相邻两状态中不能用同一定时器，否则会造成定时器没有机会复位而引起的混乱。在非相邻状态中可以使用同一定时器。如图 4-24 所示。

5）连续转移用 SET 指令，如图 4-25 所示，返回前面某步用 OUT 指令，如图 4-26 所示。

6）在 STL 和 RET 指令中间不能用 MC 和 MCR 指令，MPS 指令也不能紧跟着 STL 指令后使用；在子程序或中断程序中，不能使用 STL 指令；在状态内部最好不要使用跳转指令 CJ，以免引起混乱。

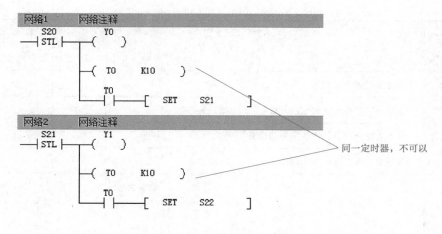

图4-24   定时器使用示意图

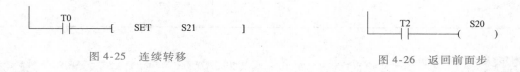

图4-25   连续转移   图4-26   返回前面步

【任务实施】

使用步进指令编写生产线指示灯控制程序。要求如下：按下起动按钮，当生产线正常运转时，绿色指示灯发光；生产线停止运转时，红色指示灯发光；遇紧急情况按下急停按钮时，黄色警示灯闪烁警示；在排除故障维修中，不能操作设备，故障排除后，重新按下起动按钮，恢复正常。

【任务评价】

在表4-9中，评价结论以"很满意、比较满意、还要加油哦"等方式进行，因为它能更有效地帮助和促进学生发展。小组成员互评时，在你认为合适的地方打"√"。组长和教师评价考核时，采用优（A）、良（B）、中（C）、差（D）四个等级。

表4-9   任务评价

项目	评 价 内 容	自 我 评 价		
		很满意	比较满意	还要加油哦
职业素养 考核项目	安全意识、责任意识强；工作严谨、敏捷			
	学习态度主动；积极参加教学安排的活动			
	团队合作意识强；注重沟通，相互协作			
	劳动保护穿戴整齐；干净、整洁			
	仪容仪表符合活动要求；朴实、大方			

（续）

项目	评价内容	自我评价		
		很满意	比较满意	还要加油哦
专业能力考核项目	掌握步进指令的使用			
	掌握特殊状态元件的使用方法			
	按照I/O分配表正确连接外部线路			
	按照要求编辑程序并实现功能			
小组评价意见		综合等级	组长（签名）：	
教师评价意见		综合等级	教师（签名）：	

任务四　生产线控制电路的装调与程序编写

【任务目标】

通过教师示范与讲解使学生能进行生产线转速、转向电路的安装并进行程序的编写，下载、监控与调试。

【任务准备】

汇川PLC、三菱FR-E740变频器、交流减速电动机、带式输送机、断路器、熔断器、接线端子排。

【知识准备】

一、交流减速电动机

1. 定义

减速电动机是指减速机和电动机的集成体。这种集成体通常也可称为齿轮电动机。

2. 作用

减速电动机广泛适用于冶金、矿山、轻工、化工钢铁、水泥、印刷、制糖、食品、橡胶、酱菜、建筑、起重运输、风机等行业，并可供引进设备配套。

3. 特点

1）同轴式斜齿轮减速电动机结构紧凑、体积小、造型美观、承受过载能力强。

2）传动比分级精细，选择范围广，转速型谱，范围 $i = 2 \sim 28800$。

3）能耗低，性能优，减速器效率高达 90%，振动，噪声低。

4）通用性强，使用维护方便，维护成本低，特别是生产线，只需备用内部几个传动件即可保证整线条生产正常生产的维修保养。

5）采用新型密封装置，保护性能好，对环境适应性强，可在有腐蚀、潮湿等恶劣环境中连续工作。

4. 外观图与技术参数

电动机外观图如图 4-27 所示，其主要技术参数见表 4-10。

图 4-27　交流减速电动机外观图

表 4-10　交流减速电动机技术参数

转速	1300～1600r/min
额度电压	380V
额度电流	0.18A/0.15A
额度功率	25W
额度频率	50Hz/60Hz

5. 接线说明

为便于连线，从电动机接线盒中引出导线黄（U）、绿（V）、红（W）、黑（PE），如图 4-28 所示。

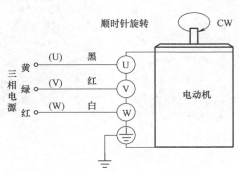

图 4-28　电动机接线示意图

二、生产线转速、转向电路的安装

1. 控制系统电路安装电路图

控制系统电路安装电路图如图 4-29 所示。

2. 安装过程

1）断路器与熔断器的安装如图 4-30 所示。

2）PLC 的安装如图 4-31 所示。

3）变频器的安装如图 4-32 所示。

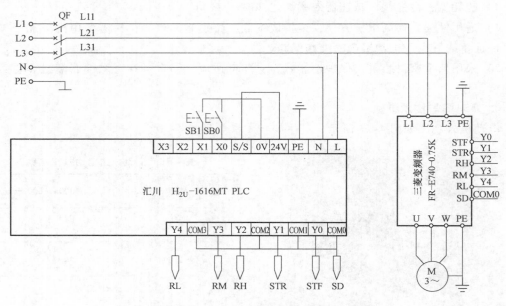

图 4-29　控制系统电路安装电路图

图 4-30　断路器与熔断器安装图

图 4-31　PLC 安装示意图

4）开关的安装如图 4-33 所示。

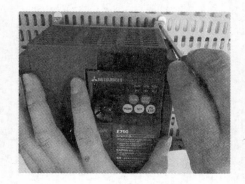

图 4-32　变频器安装示意图

图 4-33　开关安装示意图

5）接线端子的安装如图 4-34 所示。

6）元器件位置摆放如图 4-35 所示。

图 4-34　接线端子安装示意图

图 4-35　元器件布置图

7）线槽的安装如图 4-36 所示。

图 4-36　线槽安装示意图

8）按照电气原理图的要求完成控制电路的连接，在连接过程中编写并套上号码管，以免混淆，如图 4-37 所示。

a) 电源线安装

b) 控制电路安装

图 4-37　电源线及控制电路安装示意图

9）所有电路连接完成，检测无误后，整理电路并盖上盖板，电路总装图如图 4-38 所示。

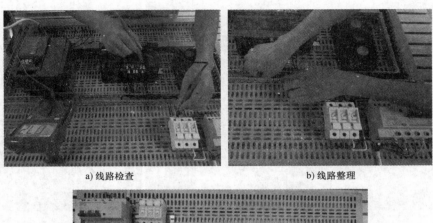

a) 线路检查   b) 线路整理

c) 总装

图 4-38　检查整理后的总装示意图

10）通电测试完成后加电动机与带式输送机，如图 4-39 所示。

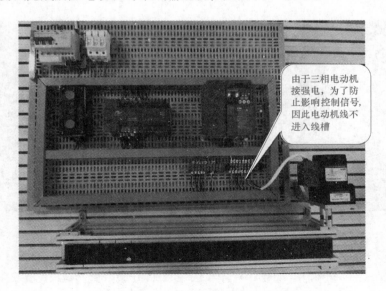

由于三相电动机接强电，为了防止影响控制信号，因此电动机线不进入线槽

图 4-39　加电动机与带式输送机示意图

3. 变频器的调节

1）调节 Pr. 79 = 1，外部模式。

2）调节高速为50Hz，中速为30Hz。

三、程序的编写与调试

程序的编写与调试如图4-40所示。

控制要求：按下起动按钮，生产线带式输送机高速正转，5s后转为中速反转，3s后等待下一次起动信号。在此过程中按下停止按钮，带式输送机停止运转。

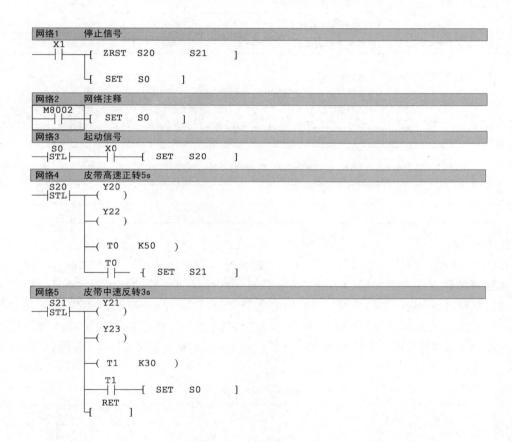

图4-40　控制程序

【任务实施】

现有一条生产线，需要对其转速、转向进行控制，请按照下列要求编写控制程序：当按下起动按钮 SB1，绿色指示灯发光，生产线高速正转，20s后转为中速正转（30s），最后低速反转2s，如此循环；当按下停止按钮，生产线停止运行，红色指示灯发光；如遇紧急情况，按下急停按钮，黄色警示灯闪烁，直至排除故障后按下起动按钮恢复运行。

【任务验收与评价】

1. 验收细则（见表4-11）

表4-11　验收细则

序号	验收项目	验 收 标 准	自我检验	教师评分 （每项100分）	权重
1	产品外观	各元件在网孔板上布局是否合理			20%
2	线路	变频器是否设置正确			20%
3	程序编辑	程序编辑是否符合要求			20%
4	测试	能按照求进行演示			40%
5	教师评价总分	（最后算入总评表）			

2. 验收过程情况记录（见表4-12）

表4-12　验收过程问题记录表

验收问题记录	整改措施	完成时间	备注

3. 任务评价

在表4-13中，评价结论以"很满意、比较满意、还要加油哦"等方式进行，因为它能更有效地帮助和促进学生发展。小组成员互评时，在你认为合适的地方打"√"。组长和教师评价考核时，采用优（A）、良（B）、中（C）、差（D）四个等级。评价结论以"很满意、比较满意、还要加油哦"等方式进行，因为它能更有效地帮助和促进学生发展。小组成员互评时，在你认为合适的地方打"√"。组长和教师评价考核时，采用优（A）、良（B）、中（C）、差（D）四个等级。

表4-13　任务评价

项目	评 价 内 容	自 我 评 价		
		很满意	比较满意	还要加油哦
职业素养 考核项目	安全意识、责任意识强；工作严谨、敏捷			
	学习态度主动；积极参加教学安排的活动			
	团队合作意识强；注重沟通，相互协作			
	劳动保护穿戴整齐；干净、整洁			
	仪容仪表符合活动要求；朴实、大方			
专业能力 考核项目	按照布线要求完成生产线的安装			
	使用万用表测试进行线路检查			
	程序正确编写及调试			
	整套带式输送机生产线按照要求调试成功			

（续）

项目	评价内容	自我评价		
		很满意	比较满意	还要加油哦
小组评价 意见		综合等级	组长(签名)：	
教师评价 意见		综合等级	教师(签名)：	

4. 工作过程回顾并写工作总结

1）请回忆你在完成"生产线的控制"项目的过程中遇到过哪些问题和困难？你做好记录了吗？你是如何解决这些问题和困难的？从中可以总结出哪些经验和教训？

_____

_____

_____

_____ 。

2）在团队学习的过程中，项目负责人给你分配了哪些工作任务？你是如何完成的？你对其结果满意吗？如果请你对你自己的工作和表现打分，应该是多少分？还有哪些需要和提高的地方？

_____

_____

_____

_____ 。

3）在此项目的学习过程中，你认为团队精神重要吗？你是如何与小组其他成员合作的？请列举 1、2 实例与大家一起分享。

_____

_____

_____

_____ 。

项目五

包装机的控制

【项目目标】

1）了解步进电动机的结构与工作原理。
2）根据工程实际需求选择合适的步进电动机。
3）进行步进电动机脉冲数的计算。
4）进行昆仑通态触摸屏初始画面的设置。
5）使用软件进行触摸屏电动机动画的设置。
6）使用条件选择性分支和并行性分支进行程序的编写。
7）掌握停止、急停、单循环停止的编写方法。
8）掌握脉冲输出指令 PLSY 的使用。

【工作流程与内容】

任务一　步进电动机的接线与参数设置。
任务二　触摸屏画面的制作。
任务三　设备运行状态控制程序的编写与调试。
任务四　包装机控制电路装调与程序编写。

项 目 描 述

　　某小型食品加工企业需要将现有的流水包装线改装成使用 PLC 技术的全自动化包装线。现欲进行包装线的设计与改造，设备安装需遵循国家电气安装相关要求，程序编辑需符合该企业食品加工包装要求。使用压线钳、内六角螺钉旋具、十字螺钉旋具等工具，规范操作，在 24 个课时内完成项目。

任务一　　步进电动机的接线与参数设置

【任务目标】

　　通过教师讲解使学生能进行选择合适的步进电动机，并进行正确的连线与参数设置。

【任务准备】

步进电动台机一台、连接线。

【知识准备】

一、步进电动机的简介

1. 定义

步进电动机是将电脉冲信号转变为角位移或线位移的开环控制装置。在非超载的情况下，电动机的转速、停止的位置只取决于脉冲信号的频率和脉冲数，而不受负载变化的影响。当步进驱动器接收到一个脉冲信号，它就驱动步进电动机按设定的方向转动一个固定的角度，称为"步距角"，它的旋转是以固定的角度一步一步运行的。可以通过控制脉冲个数来控制角位移量，从而达到准确定位的目的；同时可以通过控制脉冲频率来控制电动机转动的速度和加速度，从而达到调速的目的。步进电动机外观示意图如图5-1所示。

图5-1　步进电动机外观示意图

2. 分类

1）按结构分：

① 反应式：定子上有绕组，转子由软磁材料组成。优点为结构简单、成本低、步距角小（可达1.2°），但动态性能差，效率低，发热大，可靠性难保证。

② 永磁式：永磁式步进电动机的转子用永磁材料制成，转子的极数与定子的极数相同。其特点是动态性能好、输出力矩大，但这种电动机精度差，步矩角大（一般为7.5°或15°）。

③ 混合式：混合式步进电动机综合了反应式和永磁式的优点，其定子上有多相绕组，转子采用永磁材料，转子和定子上均有多个小齿以提高步矩精度。其特点是输出力矩大、动态性能好，步距角小，但结构复杂、成本相对较高。

2）按定子上绕组来分：共有二相、三相和五相等系列。应用最广泛的是两相混合式步进电动机，约占97%以上的市场份额，其原因是性价比高，配上细分驱动器后效果良好。

3. 结构组成

步进电动机结构如图5-2～图5-4所示，其定子和转子均由磁性材料构成。以三相为例，其定子和转子上分别有六个、四个磁极。

定子的六个磁极上有控制绕组，两个相对的磁极组成一相。

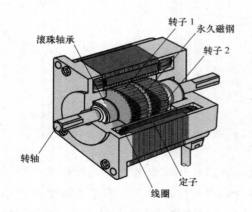

图 5-2　步进电动机剖面解析图

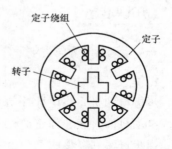

图 5-3　步进电动机结构简图

>> **注意**　　　这里的相和三相交流电中的"相"的概念不同。步进电动机通的是直流电脉冲，这主要是指线路的连接和组数的区别。

二、步进电动机的工作原理

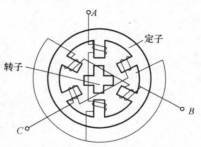

图 5-4　步进电动机定子转子示意图

通常电动机的转子为永磁体，当电流流过定子绕组时，定子绕组产生一个矢量磁场。该磁场会带动转子旋转一个角度，使得转子的一对磁场方向与定子的磁场方向一致。当定子的矢量磁场旋转一个角度，转子也随着该磁场转一个角度，每输入一个电脉冲，电动机就转动一个角度前进一步。它输出的角位移与输入的脉冲数成正比，转速与脉冲频率成正比。改变绕组通电的顺序，电动机就会反转。所以可用控制脉冲数量、频率及电动机各相绕组的通电顺序来控制步进电动机的转动。

三、步进电动机的工作方式

步进电动机的工作方式主要有三相单三拍、三相单双六拍、三相双三拍三种。

1. 三相单三拍

1）三相绕组连接方式：星形。

2）三相绕组中的通电顺序为：

$$A\ 相 \rightarrow B\ 相 \rightarrow C\ 相$$

3）工作过程，如图 5-5 所示。

A 相通电，A 方向的磁通经转子形成闭合回路。若转子和磁场轴线方向原有一定角度，则在磁场的作用下，转子被磁化，转子总是力图转到磁阻最小的位置，也就是转子的齿对齐 A、A′ 的位置；接着 B 相通电，转子便顺时针方向转过 30°，转子的齿和 B、B′ 对齐。C 通电同理 B、C 通电时同理。

总结：这种工作方式，因三相绕组中每次只有一相通电，而且一个循环周期共包括三个

a) A 相通电　　　　　b) B 相通电　　　　　c) C 相通电

图 5-5　三相单三拍工作过程

脉冲，所以称三相单三拍。

4）特点：

① 每来一个电脉冲，转子转过 30°，此角称为步距角，用 S 表示。

② 转子的旋转方向取决于三相线圈通电的顺序，改变通电顺序即可改变转向。

2. 三相双六拍

（1）三相绕组中的通电顺序

$$A \rightarrow AB \rightarrow B \rightarrow BC \rightarrow C \rightarrow CA \rightarrow A$$

（2）工作过程　三相双六拍工作过程如图 5-6 所示。

1）A 相通电，转子 1、3 齿和 A 相对齐。如图 5-6a 所示。

2）A、B 相同时通电。BB′磁场对 2、4 齿有磁拉力，该拉力使转子顺时针方向转动。AA′磁场继续对 1、3 齿有拉力。所以转子转到两磁拉力平衡的位置上。相对 AA′通电时，转子转了 15°，如图 5-6b 所示。

3）B 相通电，转子 2、4 齿和 B 相对齐，又转了 15°。如图 5-6c 所示。

以此类推，总之，每个循环周期，有六种通电状态，所以称为三相六拍，步距角为 15°。

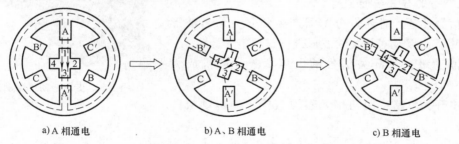

a) A 相通电　　　　　b) A、B 相通电　　　　　c) B 相通电

图 5-6　三相双六拍工作过程

3. 三相双三拍

（1）三相绕组中的通电顺序

$$AB \rightarrow BC \rightarrow CA \rightarrow AB$$

（2）工作过程　三相双三拍工作过程示意如图 5-7 所示。工作方式为三相双三拍时，每通入一个电脉冲，转子也是转 30°，即 $S = 30°$。

总结：以上三种工作方式，三相双三拍和三相双六拍比三相单三拍稳定，因此较常采用。

四、步进电动机的驱动

步进动电动机不能直接接到工频交流或直流电源上工作，而必须使用专用的步进电动机驱动器，它由脉冲发生控制单元、功率驱动单元、保护单元等组成。驱动单元与步进电动机

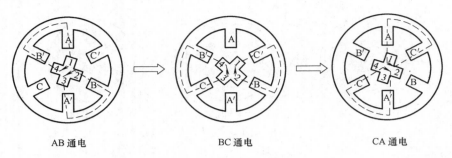

| AB 通电 | BC 通电 | CA 通电 |

图 5-7　三相双三拍工作过程

直接耦合，也可理解成步进电动机微机控制器的功率接口。

五、步进电动机驱动器 SH-20403

1. 工作原理

步进电动机驱动器是一种将电脉冲转化为角位移的执行机构。当步进驱动器接收到一个脉冲信号时，它就驱动步进电动机按设定的方向转动一个固定的角度（称为"步距角"），它的旋转是以固定的角度一步一步运行的。可以通过控制脉冲个数来控制角位移量，从而达到准确定位的目的；同时可以通过控制脉冲频率来控制电动机转动的速度和加速度，从而达到调速和定位的目的。

2. 组成结构

步进电动机驱动器如图 5-8 所示。

1）环行分配器：根据输入信号的要求产生电动机在不同状态下的开关波形。

2）信号处理：对环行分配器产生的开关信号波形进行 PWM 调制以及对相关的波形进行滤波整形处理。

3）推动级：对开关信号的电压、电流进行放大提升。

图 5-8　步进电动机驱动器

4）主开关电路：用功率元器件直接控制电动机的各相绕组。

5）保护电路：当绕组电流过大时产生关断信号对主回路进行关断，以保护电动机的驱动器和绕组。

6）传感器：对电动机的位置和角度进行实时监控并传回信号的装置。

3. 三相步进电动机驱动器的功能及使用

（1）电源电压　驱动器内部的开关电源设计保证了可以适应较宽的电压范围，用户可根据各自的情况在 DC10～40V 之间选择，一般来说较高的额定电压有利于提高电动机的高速力矩，但却会加大驱动器的损耗和温升。

（2）输出电流选择　本驱动器最大输出电流值为 3A/相（峰值），通过驱动器面板上六位拨码开关的第 5、6、7 三位可组合出 8 种状态，对应八种输出电流，从 0.9A～3A（详见表 5-1）配合不同的电动机使用。

说明：面板上所印的白色方块对应开关的实际位置。

表 5-1　输出电流调节参数表

5	6	7	输出电流
ON	ON	ON	0.9A
OFF	ON	ON	2.1A
ON	OFF	ON	1.5A
OFF	OFF	ON	2.7A
ON	ON	OFF	1.2A
OFF	ON	OFF	2.4A
ON	OFF	OFF	1.8A
OFF	OFF	OFF	3A

（3）细分选择　本驱动器可提供整步、改善半步、4 细分、8 细分、16 细分、32 细分和 64 细分等 7 种运行模式，利用驱动器面板上六位拨码开关的第 1、2、3 三位可组合出不同的状态（详见表 5-2）。

说明：面板上所印的白色方块对应开关的实际位置。

表 5-2　细分选择参数表

1	2	3	
ON	ON	ON	保留
OFF	ON	ON	64 细分
ON	OFF	ON	32 细分
OFF	OFF	ON	16 细分
ON	ON	OFF	8 细分
OFF	ON	OFF	4 细分
ON	OFF	OFF	半步
OFF	OFF	OFF	整步

4. 步进电动机与驱动器接线图

步进电动机与驱动器接线图，如图 5-9 所示。

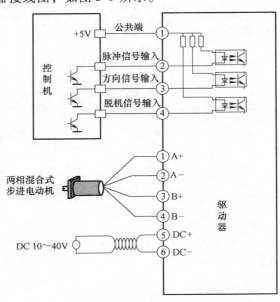

图 5-9　步进电动机与驱动器接线图

【任务实施】

按照要求进行步进电动机的参数设置与连线。

【任务评价】

在表 5-3 中，评价结论以"很满意、比较满意、还要加油哦"等方式进行，因为它能更有效地帮助和促进学生发展。小组成员互评时，在你认为合适的地方打"√"。组长和教师评价考核时，采用优（A）、良（B）、中（C）、差（D）四个等级。

表 5-3　任务评价

项目	评价内容	自我评价		
		很满意	比较满意	还要加油哦
职业素养考核项目	安全意识、责任意识强；工作严谨、敏捷			
	学习态度主动；积极参加教学安排的活动			
	团队合作意识强；注重沟通，相互协作			
	劳动保护穿戴整齐；干净、整洁			
	仪容仪表符合活动要求；朴实、大方			
专业能力考核项目	步进电动机知识掌握			
	步进电动机工作原理掌握			
	步进电动机的正确接线			
	正确连接步进电动机与PLC，并使用号码管标注			
小组评价意见		综合等级	组长（签名）：	
教师评价意见		综合等级	教师（签名）：	

任务二　触摸屏画面的制作

【任务目标】

通过教师讲解使学生能使用昆仑通态软件制作触摸屏的动画画面，并使用仿真软件下载与监控。

【任务准备】

触摸屏、计算机。

【知识准备】

一、触摸屏的介绍

1. 定义

触摸屏（Touch Screen）又称为"触控屏"、"触控面板"，是一种可接收触头等输入信号的感应式液晶显示装置，当接触了屏幕上的图形按钮时，屏幕上的触觉反馈系统可根据预先编程的程式驱动对应的装置，可取代机械式的按钮面板，并借由液晶显示画面制造出生动的影音效果。

2. 作用

触摸屏作为一种最新的输入设备，它是目前最简单、方便、自然的一种人机交互方式。它赋予了多媒体以崭新的面貌，是极富吸引力的全新多媒体交互设备。主要应用于公共信息的查询、领导办公、工业控制、军事指挥、电子游戏、点歌点菜、多媒体教学、房地产预售等。

二、TPC7062K 昆仑通态触摸屏

1. 概述

昆仑通态触摸屏是一套以嵌入式低功耗 CPU 为核心（ARM CPU，主频 400MHz）的高性能嵌入式一体化触摸屏。该产品设计采用了 7in 高亮度 TFT 液晶显示屏（分辨率 800 × 480）、四线电阻式触摸屏（分辨率 1024 × 1024）。

2. 触摸屏外观

触摸屏外观图如图 5-10 所示。

正视图　　　　　　　　　　　　　　　　　　背视图

图 5-10　昆仑通态 TPC7062K 触摸屏外观图

3. 触摸屏外部接口

触摸屏外部接口示意图如图 5-11 所示。

LAN（RJ45）：以太网接口，可通过网线跟电脑网卡连接，进行工程下载。

USB1：主口，USB1.1 兼容，用于连接外部设备。

USB2：从口，用于下载工程。

电源接口：接 24V 直流工作电源。

串口（DB9）：九针串口，可用 RS232/RS485 通信线将触摸屏与 PLC 进行数据交换及操作。

4. 触摸屏的起动、运行

使用 24V 直流电源给触摸屏（TPC）供

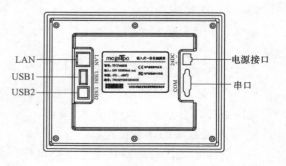

图 5-11　触摸屏外部接口示意图

电，开机起动后屏幕出现"正在起动"提示进度条，此时不需要任何操作系统自动进入工程运行界面，如图 5-12 所示。

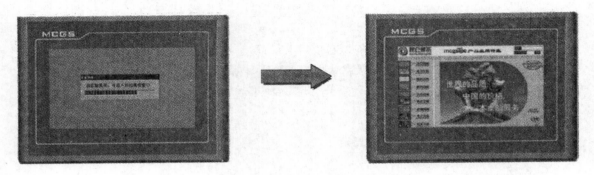

图 5-12　触摸屏起动、运行界面

三、认识 MCGS 嵌入版组态软件

MCGS 嵌入版组态软件是昆仑通态公司专用开发用于 mcgsTpc 的组态软件，主要完成现场数据的采集与监测、前端数据的处理与控制。MCGS 嵌入版组态软件与其他相关的硬件设备结合，可以快速、方便地开发出各种用于现场采集、数据处理和控制的设备。如可以灵活组态各种智能仪表、数据采集模块，无纸记录仪、无人值守的现场采集站、人机界面等专用设备。

1. MCGS 嵌入版组态软件的主要功能

1）简单灵活的可视化操作界面：采用全中文、可视化的开发界面，符合中国人的使用习惯和要求。

2）实时性强、有良好的并行处理性能：是真正的 32 位系统，以线程为单位对任务进行分时并行处理。

3）丰富、生动的多媒体画面：以图像、图符、报表、曲线等多种形式，为操作员及时提供相关信息。

4）完善的安全机制：提供了良好的安全机制，可以为多个不同级别用户设定不同的操作权限。

5）强大的网络功能：具有强大的网络通信功能。

6）多样化的报警功能：提供多种不同的报警方式，具有丰富的报警类型，方便用户进行报警设置。

7）支持多种硬件设备。

总之，MCGS 嵌入版组态软件具有与通用组态软件一样强大的功能，并且操作简单，易学易用。

2. MCGS 嵌入版组态软件的组成

MCGS 嵌入版生成的用户应用系统，由主控窗口、设备窗口、用户窗口、实时数据库和运行策略五个部分构成，如图 5-13 所示。

3. 嵌入式系统的体系结构

嵌入式组态软件的组态环境和模拟运行环境相当于一套完整的工具软件，可以在计算机上运行。嵌入式组态软件的运行环境则是一个独立的运行系统，它按照组态工程中用户指定

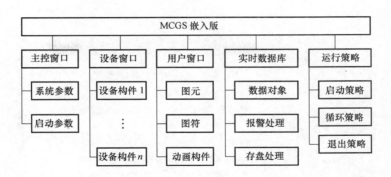

图 5-13　MCGS 嵌入版组成

的方式进行各种处理，完成用户组态设计的目标和功能。运行环境本身没有任何意义，必须与组态工程一起作为一个整体，才能构成用户应用系统。一旦组态工作完成，并且将组态好的工程通过 USB 口下载到嵌入式一体化触摸屏的运行环境中，组态工程就可以离开组态环境而独立运行在 TPC 上。从而实现了控制系统的可靠性、实时性、确定性和安全性。

TPC7062K 与计算机连接如图 5-14 所示。

图 5-14　TPC7062K 与计算机连接示意图

四、MCGS 嵌入版组态软件的安装

1）从官网上下载编程软件 "McgsE7.7 完整安装包"，打开软件安装包，如图 5-15 所示。

2）双击 "🖥️" 弹出安装程序窗口，单击 "下一步"，起动安装程序，如图 5-16 所示。

3）按提示步骤操作，单击 "下一步"，随后，安装程序将提示指定安装目录，用户不指定时，系统默认安装到 D：\ MCGSE 目录下，建议使用默认目录，单击 "下一步"，开始进行安装，如图 5-17 所示，系统

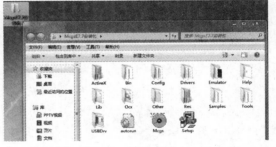

图 5-15　软件安装包

安装大约需要几分钟。

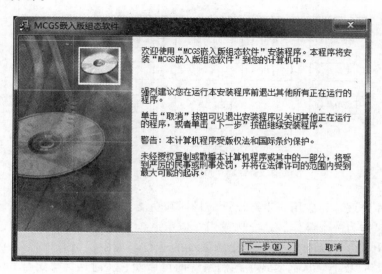

图 5-16　安装程序窗口

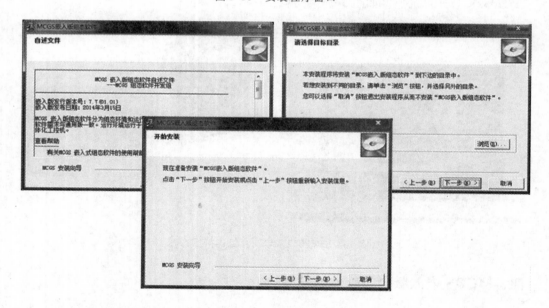

图 5-17　MCGS 安装向导

4）MCGS 嵌入版主程序安装完成后，继续进入 MCGS 驱动安装，如图 5-18 所示，单击"下一步"。

5）选择需要安装的驱动，为方便使用建议默认选择"所有驱动"，如图 5-19 所示，单击"下一步"，按提示操作，MCGS 驱动程序安装过程大约需要几分钟。

6）安装过程完成后，系统将弹出对话框提示安装完成，如图 5-20 所示，单击"完成"，MCGS 嵌入版组态软件安装完成。安装完成后，Windows 操作系统的桌面上添加了两个快捷方式图标，分别用于起动 MCGS 嵌入式组态环境和模拟运行环境。

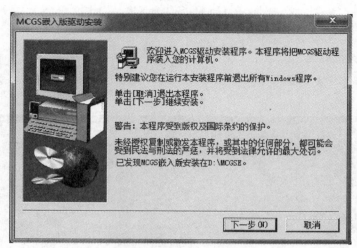

图 5-18　MCGS 驱动安装

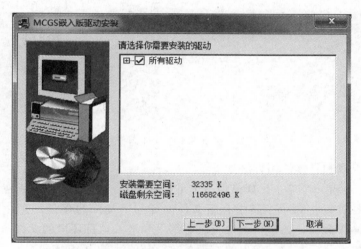

图 5-19　安装驱动选择

图 5-20　驱动安装完成

五、MCGS 嵌入版组态软件介绍基本操作

1. 组态软件运行界面

双击桌面""快捷键图标，打开 MCGS 嵌入版组态软件，即可进入如图 5-21 所示的软件界面。

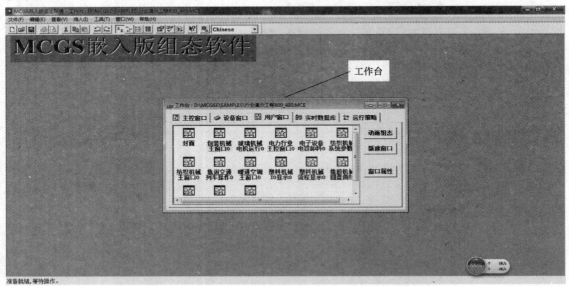

图 5-21 MCGS 组态软件运行界面

各种菜单的组成和具体使用方法如下：

（1）"文件"菜单 "文件"菜单是一个下拉式菜单（见表 5-4），它包括了对 MCGS 嵌入版工程文件的各种操作命令，其中有新文件的建立、文件的存盘、文件的打开、打印输出、打印预览等操作命令，还包括了检查组态结果和进入运行环境的操作命令。另外，在主窗口的背景上，单击鼠标右键，弹出的右键菜单，与此菜单内容相同。

表 5-4 "文件"菜单说明

菜单名	图标	对应快捷键	功能说明
新建工程		Ctrl + N	新建并打开一个新的工程文件
打开工程		Ctrl + O	打开指定的工程文件
关闭工程		无	关闭当前工程
保存工程/保存窗口		Ctrl + S	把当前工程存盘
工程另存为		无	把当前工程以另外的名称存盘
打印设置		无	设置打印配置
打印预览		无	预览要打印的内容
打印		Ctrl + P	开始打印指定的内容
组态结果检查		F4	检查当前过程的组态结构是否正确
进入运行环境		F5	进入运行环境并运行当前工程
工程设置		无	修改工程设置
生成安装盘		无	将当前工程生成安装盘
退出系统		无	退出 MCGS 嵌入版的组态环境

（2）"编辑"菜单　"编辑"菜单是一个下拉式菜单（见表5-5），包含了用于编辑组态目标的一些通用性操作。

表5-5　"编辑"菜单说明

菜单名	图标	对应快捷键	功能说明
撤消		Ctrl + Z	取消最后一次的操作
重复		Ctrl + Y	恢复取消的操作
剪切		Ctrl + X	把指定的对象删除并复制到剪贴板
拷贝		Ctrl + C	把指定的对象复制到剪贴板
粘贴		Ctrl + V	把剪贴板内的对象粘贴到指定地方
清除		Del	删除指定的对象
全选		Ctrl + A	选中用户窗口的所有对象
复制		Ctrl + D	复制选定的对象
属性		F8 , Alt + Enter	打开指定对象的属性设置窗口
事件		Ctrl + Enter	打开指定对象的事件设置窗口
插入元件		无	在用户窗口或工作台中插入元件
保存元件		无	保存用户窗口或工作台中对应元件

（3）"查看"菜单　"查看"菜单（见表5-6）中的各种命令用于窗口间的切换，确定对象的显示形式和排列方式，打开或关闭工具条和状态条。各种菜单命令及其功能见下表，前五项是"工作台面"下拉式菜单的子命令。

表5-6　"查看"菜单说明

菜单名	图标	对应快捷键	功能说明
主控窗口		Ctrl + 1	切换到工作台主控窗口页
设备窗口		Ctrl + 2	切换到工作台设备窗口页
用户窗口		Ctrl + 3	切换到工作台用户窗口页
实时数据库		Ctrl + 4	切换到工作台实时数据库窗口页
运行策略		Ctrl + 5	切换到工作台运行策略窗口页
数据对象		无	打开数据对象浏览窗口
对象使用浏览	无	Ctrl + W	打开对象使用浏览窗口
大图标		无	以大图标的形式显示对象
小图标		无	以小图标的形式显示对象
列表显示		无	以列表的形式显示对象
详细资料		无	以详细资料的形式显示对象
按名字排列		无	按名称顺序排列对象
按类型排列		无	按类型顺序排列对象
工具条		Ctrl + T	显示或关闭工具条
状态条		无	显示或关闭状态条
全屏显示		无	屏幕全屏显示
视图缩放	100%	无	根据一定的比例缩放视图
绘图工具箱		无	打开或关闭绘图工具箱
绘图编辑条		无	打开或关闭绘图编辑条

（4）"工具"菜单 "工具"菜单是一个下拉式菜单（见表5-7），各种命令提供了管理和维护MCGS嵌入版整个软件系统运行的一些实用功能。

表5-7 "工具"菜单说明

菜单名	图标	对应快捷键	功能说明
工程文件压缩		无	压缩工程文件，去掉无用信息
使用计数检查		无	更新数据对象的使用计数
数据对象名替换		无	改变指定数据对象的名称
优化画面速度		Alt + P	进行通信测试及工程下载
下载配置		Alt + R	进行通信测试及工程下载
用户权限管理		无	用户权限管理工具
工程密码设置		无	打开工程时需要输入密码
对象元件库管理		无	对象元件库管理工具
配方组态设计		无	打开配方组态窗口

（5）"插入"菜单 "插入"菜单是一个下拉式菜单（见表5-8），其功能是在当前激活的窗口中新增加一个对象，包括插入新的用户窗口、数据对象、运行策略和策略构件。

>> **注意**

并不是每个窗口中都可以插入所有的对象，因此一些菜单命令将只在相应的窗口中有效，只有切换到相应的组态窗口方可操作。下表列出了"插入"菜单的各种命令。

表5-8 "插入"菜单说明

菜单名	图标	对应快捷键	功能说明
主控窗口		无	适用于多机网络版本
设备窗口		无	适用于多机网络版本
用户窗口		无	插入一个新的用户窗口
数据对象		无	插入一个新的数据对象
运行策略		无	插入一个新的运行策略
菜单项		无	插入一个菜单项
分隔线		无	插入一个分隔线
下拉菜单		无	插入一个下拉菜单
策略行		Ctrl + I	插入一个新的策略行

（6）"窗口"菜单 "窗口"菜单是一个下拉式菜单（见表5-9），各种命令用于确定各个窗口的放置方式。此命令集可以从主菜单中执行，也可以在各个子窗口的标题栏上单击鼠标右键，在弹出的右键菜单中选取。

表5-9 "窗口"菜单说明

菜单名	图标	对应快捷键	功能说明
层叠	无	无	以层叠方式放置所有窗口
水平平铺	无	无	以水平平铺方式放置所有窗口
垂直平铺	无	无	以垂直平铺方式放置所有窗口

（7）"帮助"菜单 "帮助"菜单中为用户提供了查阅MCGS嵌入版软件使用信息的有关操作命令。

2. 工程创建

如图 5-22 所示，单击文件菜单中"新建工程"选项，弹出"新建工程设置"对话框，TPC 类型选择为"TPC7062K"，单击确认。选择文件菜单中的"工程另存为"菜单项，弹出文件保存窗口。在文件名一栏内输入"XX 控制工程"，单击"保存"按钮，工程创建完毕。

3. 工程组态的编辑

由于目前 MCGS 组态软件设备管理中未添加汇川 PLC，通常用三菱 FX 系列 PLC 来代替汇川 PLC。下面通过实例介绍 MCGS 嵌入版组态软件中建立同三菱 FX 系列 PLC 编程口通信的步骤，实际操作地址是三菱 PLC 中的 Y0、Y1、Y2、D0 和 D2。

图 5-22　创建工程

（1）第一步：设备组态

1）在工作台中激活设备窗口，鼠标双击"设备窗口"进入设备组态画面，单击工具条中的"⚒"打开"设备工具箱"，如图 5-23 所示。

图 5-23　设备组态设置

2）在设备工具箱中，按先后顺序双击"通用串口父设备"和"三菱_ FX 系列编程口"添加至组态画面，如图 5-24 所示。提示"是否使用'三菱.FX 系列编程口'驱动的默认通讯参数设置串口父设备参数?"，如图 5-25 所示，选择"是"。

图 5-24　设备管理设置

图 5-25　组态环境提示窗口

所有操作完成后关闭设备窗口，返回工作台。

（2）第二步：窗口组态

1）在工作台中激活用户窗口，鼠标单击"新建窗口"按钮，建立新画面"窗口 0"，如图 5-26 所示。

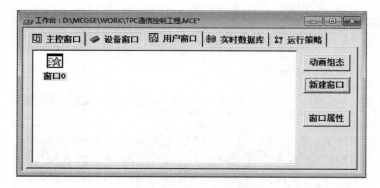

图 5-26　新建窗口

2）接下来单击"窗口属性"按钮，弹出"用户窗口属性设置"对话框，在基本属性页，将"窗口名称"修改为"PLC 控制画面"，单击"确认"进行保存。如图 5-27 所示。

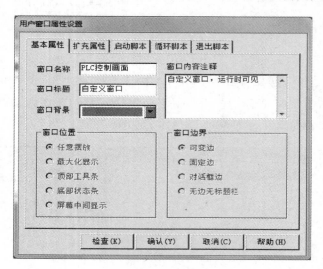

图 5-27　属性窗口

3）在用户窗口双击"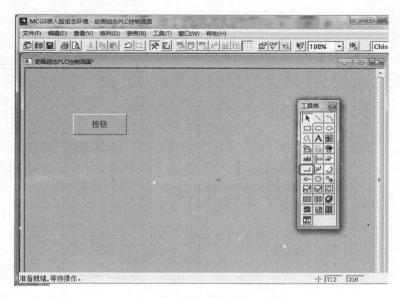"进入"动画组态 PLC 控制画面"，单击""打开"工具箱"。

4）建立基本元件。

① 按钮：从工具箱中单击选中"标准按钮"构件，在窗口编辑位置按住鼠标左键，拖放出一定大小后，松开鼠标左键，这样一个按钮构件就绘制在了窗口画面中，如图 5-28 所示。接下来双击该按钮打开"标准按钮构件属性设置"对话框，在基本属性页中将"文本"修改为 Y0，单击"确认"按钮保存，如图 5-29 所示。

图 5-28　按钮构件

图 5-29　按钮构件属性设置

按照同样的操作分别绘制另外两个按钮，文本修改为 Y1 和 Y2，完成后如图 5-30 所示。按住键盘的 Ctrl 键，然后单击鼠标左键，同时选中 3 个按钮，使用工具栏中的等高宽、左（右）对齐和纵向等间距对 3 个按钮进行排列对齐，如图 5-31 所示。

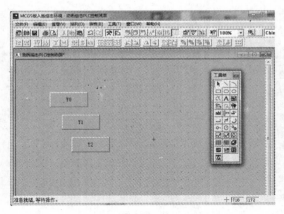

图 5-30　按钮构件

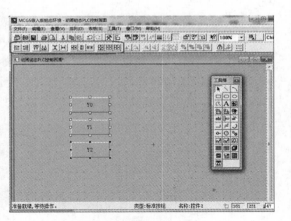

图 5-31　按钮构件对齐

② 指示灯：单击工具箱中的"插入元件"按钮，打开"对象元件库管理"对话框，选中图形对象库指示灯中的一款，单击"确认"添加到窗口画面中。并调整到合适大小，同样的方法再添加两个指示灯，摆放在窗口中按钮旁边的位置，如图 5-32 所示。

③ 标签：单击选中工具箱中的"标签"构件，在窗口按住鼠标左键，拖放出一定大小的"标签"，如图 5-33 所示。双击该标签，弹出"标签动画组态属性设置"对话框，在扩展属性页的"文本内容输入"中输入 D0，单击"确认"，如图 5-34 所示。

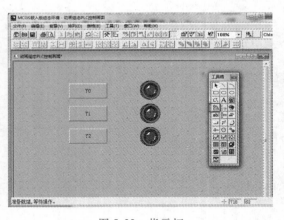

图 5-32　指示灯

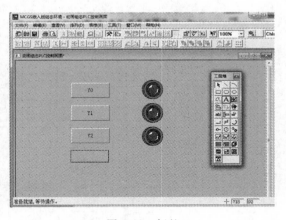

图 5-33　标签

同样的方法，添加另一个标签，文本内容输入"D2"。

④ 输入框：单击工具箱中的"输入框"构件，在窗口按住鼠标左键，拖放出两个一定大小的"输入框"，分别摆放在 D0、D2 标签的旁边位置，如图 5-35 所示。

5）建立数据链接。

① 按钮：双击 Y0 按钮，弹出"标准按钮构件属性设置"对话框，如图 5-36 所示，在操作属性页，默认"抬起功能"按钮为按下状态，勾选"数据对象值操作"，选择"清 0"操作。

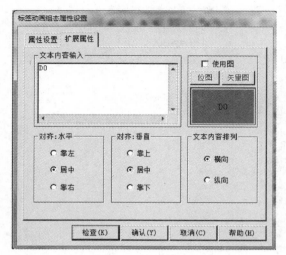

图 5-34　标签设置

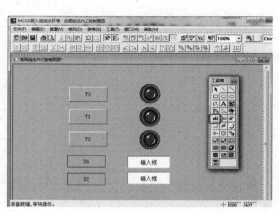

图 5-35　输入框

图 5-36　属性设置 1

单击"　?　"弹出"变量选择"对话框，选择"根据采集信息生成"，通道类型选择"Y 输出寄存器"，通道地址为"0"，读写类型选择"读写"。如图 5-37 所示，设置完成后单击"确认"。即在 Y0 按钮抬起时，对三菱 FX 的 Y0 地址"清 0"。

图 5-37　变量选择 1

同样的方法，单击"按下功能"按钮后进行设置，选择：数据对象值操作→置1→设备0_读写Y0000，如图5-38所示。

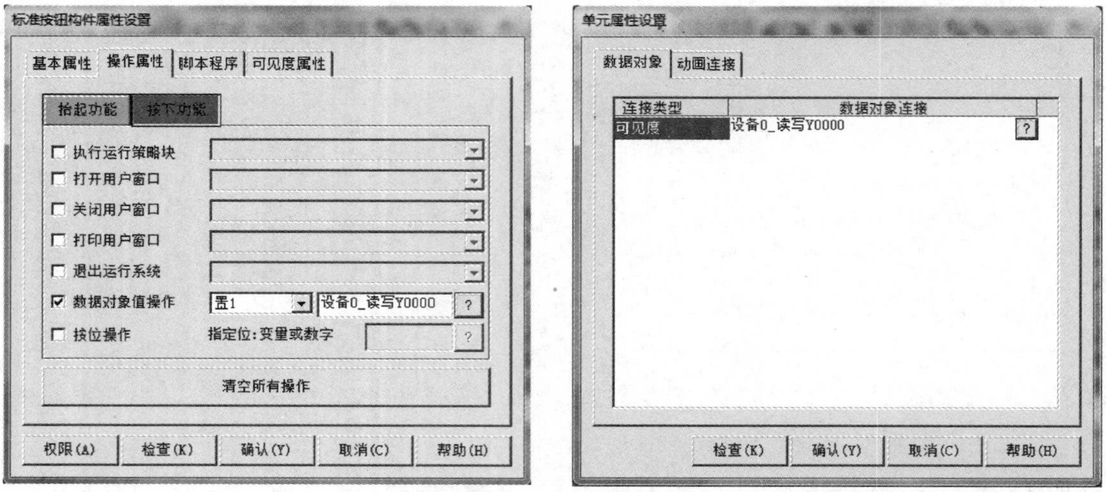

图5-38　属性设置2

同样的方法，分别对Y1和Y2的按钮进行设置。Y1按钮→"抬起功能"时"清0"；"按下功能"时"置1"→变量选择→Y输出寄存器，通道地址为"1"。Y2按钮→"抬起功能"时"清0"；"按下功能"时"置1"→变量选择→Y输出寄存器，通道地址为"2"。

② 指示灯：双击按钮Y0旁边的指示灯元件，弹出"单元属性设置"对话框，在数据对象页，单击"　?　"选择数据对象"设备0_读写Y0000"，如图5-38所示。

同样的方法，将Y1按钮和Y2按钮旁边的指示灯分别连接变量"设备0_读写Y0001"和"设备0_读写Y0002"。

③ 输入框：双击D0标签旁边的输入框构件，弹出"输入框构件属性设置"对话框，在操作属性页，单击"　?　"进行变量选择，选择"根据采集信息生成"，通道类型选择"D寄存器"，通道地址为"0"；数据类型选择"16位无符号二进制"；读写类型选择"读写"，如图5-39所示。完成后单击"确认"保存。

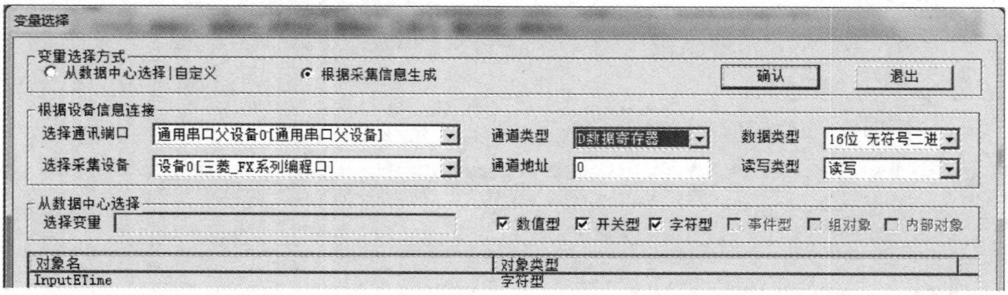

图5-39　变量选择2

同样的方法，对D2标签旁边的输入框进行设置，在操作属性页，选择对应的数据对象：通道类型选择"D寄存器"；通道地址为"2"；数据类型选择"16位无符号二进制"；读写类型选择"读写"。

（3）第三步：工程下载

1）连接 TPC7062K 和计算机：专用的 USB 下载线一端为扁平接口，插到计算机的 USB 口，另一端为微型接口，插到 TPC 端的 USB2 口。

2）工程下载，如图 5-40 所示。

单击工具条中的下载"⬇️"按钮，进行下载配置。选择"连机运行"，连接方式选择 "USB 通信"，然后单击"通信测试"按钮，如图 5-40a 所示，通信测试正常后，单击"工程下载"如图 5-40b 所示。

a) 通信测试

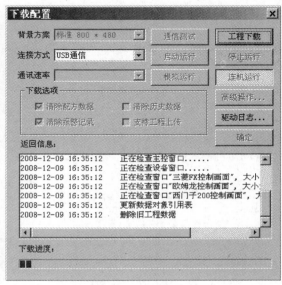

b) 工程下载

图 5-40　通信测试

（4）第四步：连机运行或模拟运行

工程下载成功后，将 TPC7062K 与 PLC 的用 RS232 通信线进行连接，如图 5-41 所示。 TPC 上电后组态程序自动运行，此时可以进行触摸屏操作及监控。

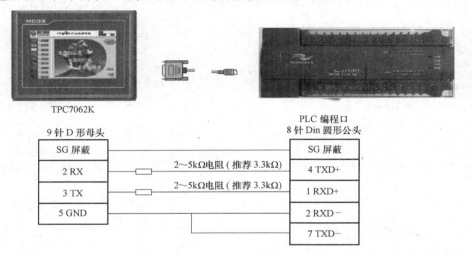

图 5-41　通信连接

若身边没有 PLC，也可进行模拟运行，单击工具条中的下载"▣▮"按钮，进行下载配置。选择"模拟运行"，然后单击"通信测试"按钮，如图 5-42a 所示，通信测试正常后，单击"工程下载"。下载成功后，直接单击"单动运行"，MCGS 模拟运行环境起动，如图 5-42b 所示。

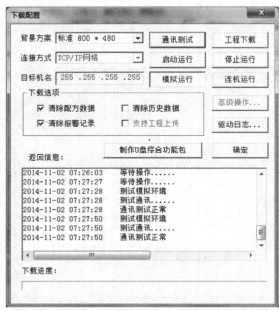
a）通信测试

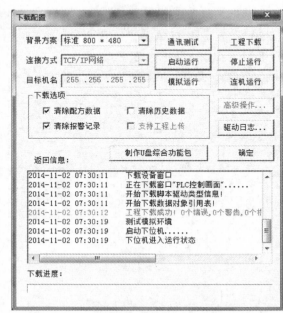
b）工程下载

图 5-42 下载配置

下载成功后，单击"起动运行"，MCGS 模拟运行环境起动，如图 5-43 所示，单击"确认"进入组态界面，如图 5-44 所示。

图 5-43 模拟运行

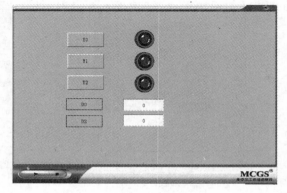

图 5-44 组态画面

单击运行"▶ "按钮，进入模拟运行状态，用鼠标按下"Y1"按钮，对应的指示灯点亮，如图 5-45 所示。单击停止"▇ "按钮，退出模拟运行状态。

【任务实施】

使用组态软件制作触摸屏画面，按下正转起动按钮，步进电动机正转；按下反转起动按钮，步进电动机反转；按下停止按钮，电动机停止运行。

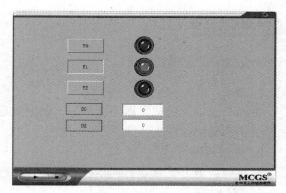

图 5-45　模拟运行

【任务评价】

在表 5-10 中，评价结论以"很满意、比较满意、还要加油哦"等方式进行，因为它能更有效地帮助和促进学生发展。小组成员互评时，在你认为合适的地方打"√"。组长和教师评价考核时，采用优（A）、良（B）、中（C）、差（D）四个等级。

表 5-10　任务评价

项目	评价内容	自我评价		
		很满意	比较满意	还要加油哦
职业素养考核项目	安全意识、责任意识强；工作严谨、敏捷			
	学习态度主动；积极参加教学安排的活动			
	团队合作意识强；注重沟通，相互协作			
	劳动保护穿戴整齐；干净、整洁			
	仪容仪表符合活动要求；朴实、大方			
专业能力考核项目	触摸屏页面设置是否美观实用			
	正确的传输设置与连接			
	触摸屏的下载与仿真			
	按照要求显示功能			
小组评价意见		综合等级	组长（签名）：	
教师评价意见		综合等级	教师（签名）：	

任务三　设备运行状态控制程序的编写与调试

【任务目标】

通过教师讲解使学生能掌握进行 AutoShop 编程软件的卸载与安装。

【任务准备】

计算机、AutoShop 编程软件。

【知识准备】

一、条件选择性分支

1. 定义

由两个及以上的分支程序组成的，根据满足条件的不同从中选择一个分支执行的程序，称之为条件选择性分支。

2. 编程原则

先集中处理分支状态，再集中处理汇合状态。

3. 编程方法

1）分支状态的编程，先进行分支状态的处理，再依顺序（从左至右）进行转移处理。

2）汇合状态的编程，先进行汇合前分支状态的驱动和转移处理，再依顺序（从左至右）进行各分支汇合状态的转移处理。

4. 举例说明

1）分支状态的处理如图5-46所示。

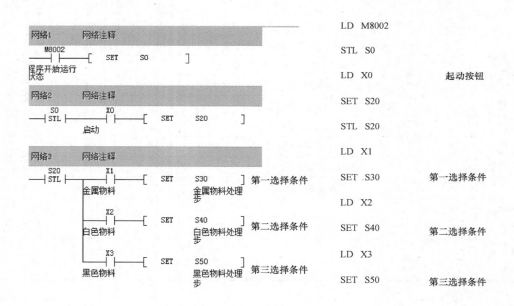

图5-46　分支状态处理

如果检测到的是金属物料，那么将转到S30进行处理；如果检测到的是白色物料，那么将转到S40进行处理；如果检测到的是黑色物料，那么将转到S50进行处理，将不同的物料转到不同的步处理的这种编程方式就称为条件选择性分支的处理。

2）汇合状态的处理如图5-47所示。

所有物料处理完成后，将重新回到物料判断的步，这种方式称为汇合状态的处理。

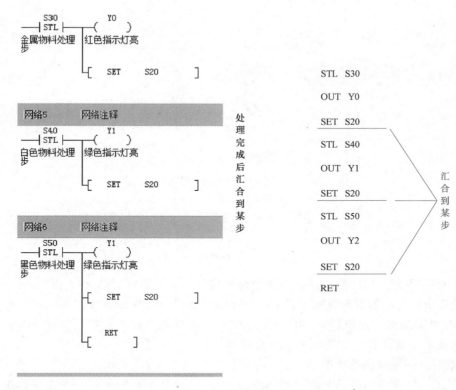

图 5-47　汇合状态处理

二、并行性分支

1. 定义

由两个及以上的分支程序组成的，但必须同时执行各分支的程序，称为并行性流程控制程序。每一个的分支，就是程序的并行分支。

2. 编程原则

先集中进行并行分支处理，然后再集中进行汇合处理。

3. 编程方法

并行性分支的编程与选择性分支的编程一样，先进行驱动处理，然后进行转移处理，所有的转移处理按顺序执行。根据并行性分支的编程方法，首先对 S20 进行驱动处理（OUT Y0），然后按第一分支、第二分支、第三分支的顺序进行转移处理。

4. 举例说明

并行性分支举例如图 5-48 所示。

当满足起动条件后，整个系统的各个部分都同时运行起来了，相互没有受到任何的影响。机械手臂部分、传送带物料的分拣部分和指示灯指示部分同时开始运行起来，这种编程的方法就称之为并行性分支。

三、"停止"的几种不同编程方法

在编程过程中常遇见各种不同的"停止"情况，它们的编程方法也不相同。这里将介

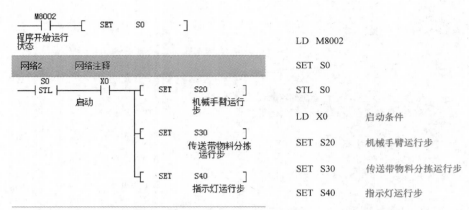

满足启动的条件后，系统同时执行三部分的运行。

图 5-48　并行性分支

绍常见的三种"停止"的方法，以及不同的编程技巧。我们以彩灯熄灭程序为例来讲述。

按下按钮 SB1，小彩灯开始循环发光，按下按钮 SB2，灯立即熄灭，再次按下起动按钮 SB1，又重新开始运行；按下按钮 SB3，灯运行完当前周期后停止；按下按钮 SB4，灯暂时停止，再次按下起动按钮，接着刚才的输出继续运行。

1. 立即停止并恢复初始状态

（1）定义　立即停止指的是按下停止按钮（一般用常闭按钮）后，系统所有输出立即停止，且恢复初始状态，再按下起动按钮后，又重新开始运行。

（2）编程方法　一般我们在步进的前面使用 RST 或 ZRST 的指令，是输出和步都同时复位，且重新置位 S20，判断是否有启停信号。

（3）程序说明　如图 5-49 所示。

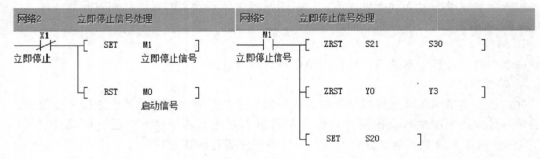

图 5-49　立即停止

在网络 2 里面先处理启停信号，然后在网络 5 里面，复位所有的步和输出，那么系统的输出将会立即停止，再置位 S20，下次起动时，就只需要判断 S20 有没有起动信号，如果有起动信号，则只在这里重头开始就可以了。

2. 单周期停止

（1）定义　单周期停止指的是按下停止按钮后，系统设备运行完当前周期后，判断是否有停止信号而再停止的方式。

（2）编程方法　一般我们采取在步进输出前面加上一个空步（S20）专门用来判断是否用启停信号的方式来解决单周期"停止"的编程。

（3）程序说明　如图5-50所示。

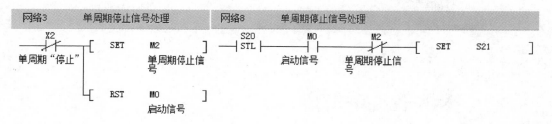

图5-50　单周期"停止"

在网络3里面先处理启停信号，然后在网络8里面设置一个S20这样的空步，S20没有任何的输出动作，它主要是用来判断是否有起动和单周期的停止信号，因为每次处理完所有的动作后都会回到S20，如果按下了单周期的停止按钮，那么在S20这步将不会向下转移，直到重新开始按下起动按钮。

3. 暂停或紧急停止

（1）定义　暂停或紧急停止是指按下暂停或紧急停止按钮后，系统设备的输出暂时停止，直到排除故障后，重新按下起动按钮，系统将接着刚才停止时的状态继续运行。

（2）编程方法　掌握两种方法：

1）特殊辅助继电器M8034、M8040，如图5-51所示。

M8034：PLC输出为OFF。

M8040：禁止转移。

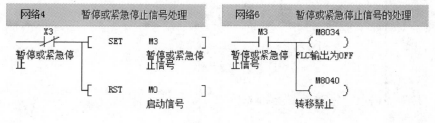

图5-51　特殊辅助继电器"停止"

按下暂停或紧急停止按钮后，起动辅助继电器M3，输出M8034和M8040，此时，PLC的输出全部停止，步进即使达到条件也将禁止转移。除非重新按下起动按钮，M3被复位，那么M8034和M8040没有输出，系统就会按照原来的程序继续运行。

但经过反复的测试，使用这种方法实现暂停或紧急停止时，如果暂停的步里面有定时器正在运行，下次重新起动后，定时器被禁止输出清零后将又重新计时，就会有一定的误差。

2）主控指令MC、MCR，如图5-52所示。

① MC（主控指令）用于公共串联触点的连接。执行MC后，左母线移到MC触点的后面。

② MCR（主控复位指令）它是MC指令的复位指令，即利用MCR指令恢复原左母线的位置。

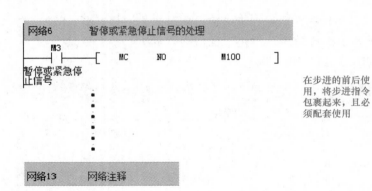

图 5-52　主控指令

按下暂停或紧急停止按钮后，步进里面的动作将暂时停止，它就像一个总开关一样，如果这个开关打开步进就停止。

根据上面所学的知识，可以写出流水灯在三种不同停止下的程序了，如图 5-53 所示。

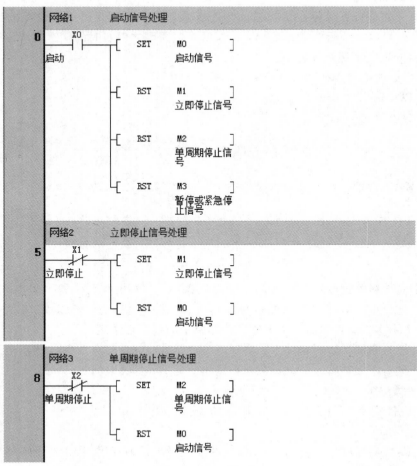

图 5-53　总程序

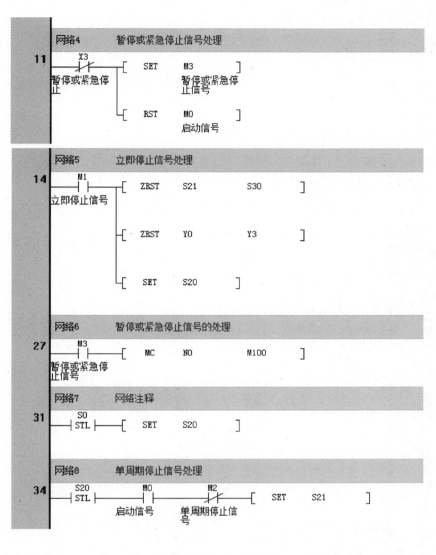

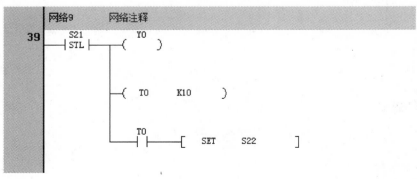

图 5-53　总程序（续）

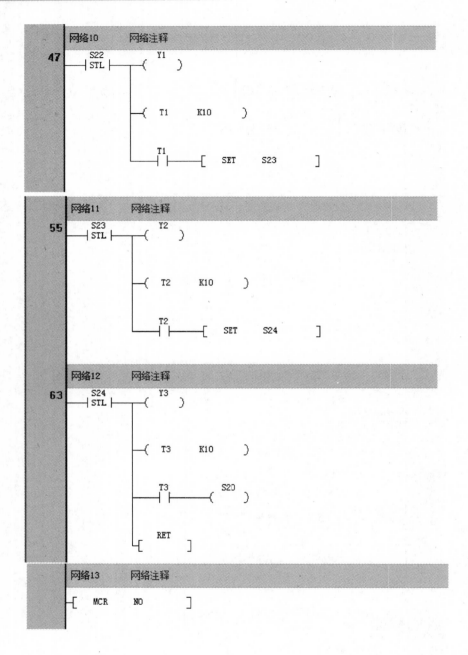

图 5-53　总程序（续）

【任务实施】

编写花式流水灯的程序，包含三种不同的"停止"方式。

【任务评价】

在表 5-11 中，评价结论以"很满意、比较满意、还要加油哦"等方式进行，因为它能更有效地帮助和促进学生发展。小组成员互评时，在你认为合适的地方打"√"。组长和教师评价考核时，采用优（A）、良（B）、中（C）、差（D）四个等级。

表 5-11　任务评价

项目	评价内容	自我评价		
		很满意	比较满意	还要加油哦
职业素养考核项目	安全意识、责任意识强；工作严谨、敏捷			
	学习态度主动；积极参加教学安排的活动			
	团队合作意识强；注重沟通，相互协作			
	劳动保护穿戴整齐；干净、整洁			
	仪容仪表符合活动要求；朴实、大方			
专业能力考核项目	掌握分支状态的编程			
	掌握汇合状态的编程			
	掌握三种不同的停止方式			
	按照 I/O 分配表正确连接外部线路			
	按照要求编辑程序并实现功能			
小组评价意见		综合等级	组长（签名）：	
教师评价意见		综合等级	教师（签名）：	

任务四　包装机控制电路装调与程序编写

【任务目标】

通过教师讲解使学生能进行包装机的电路安装与控制程序的编写与调试。

【任务准备】

电脑、步进电动机、汇川 H_{2U}-1616MT　PLC、连接线等

【知识准备】

一、工作任务控制要求

在包装流水线上进行的物料包装工序，由于要求精度较高，常使用步进电动机来控制传动带的运输速度与距离。具体要求如下：按下起动按钮后，步进电动机运行，传动带运行到达指定位置后，侧面贴标包装，然后再运行一定的距离，到达底部密封包装区进行包装，完成后送至下一工位。在运行过程中可按下停止按钮，停止工作。制作触摸屏画面，起动和停止均在上面操作进行，同时显示当前包装套数。

二、计数器指令

1. 定义

计数器用于完成计数功能，每个计数器含有线圈、接点、计时值寄存器。每当计数器线圈的驱动信号由 OFF→ON 时，计数器读数增加 1；若计时值达到预设的时间值时，其接点动作，a 接点（NO 接点）闭合，b 接点（NC 接点）断开；若清除计时值，输出 a 接点即断开，b 接点（NC 接点）闭合。部分计时器的具有掉电保持、累计等特性，重新上电后仍维持掉电前的数值。

2. 编号说明

1）非停电保持领域：C0 ~ C99（100 点）。

2）停电保持领域：C100 ~ C199（100 点）。

3. 举例说明

如图 5-54 所示，按下按钮 SB1，灯 HL1 以 1s 每次的频率闪烁，10 次后自动熄灭 10s，依此循环。

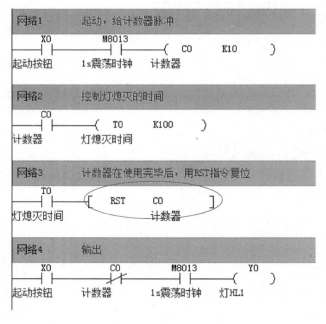

图 5-54　计数器

计数器在使用后必须使用 RST 指令复位，否则常开触点将一直保持通电的状态。

三、脉冲输出指令 PLSY

1. 定义

PLSY 是脉冲输出指令，多用在步进电动机等精密输出元器件上。

2. 分类

1）PLSY：16 位连续执行型脉冲输出指令。

2）DPLSY：32 位连续执行型脉冲输出指令。

3. 编程格式

编程格式如图 5-55 所示。

图 5-55　PLSY 指令编程格式

说明：1）K1000：指定的输出脉冲频率，可以是 T、C、D、数值或是位元件组合，如 K4X0。

2）D0：指定的输出脉冲数，可以是 T、C、D、数值或是位元件组合，如 K4X0；当该值为 0 时，输出脉冲数不受限制。

3）Y0：指定的脉冲输出端子，只能是 Y0 或 Y1。

4. 举例说明

如图 5-56 所示。

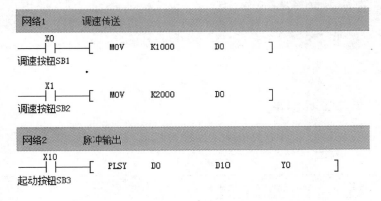

图 5-56　脉冲输出

1）当 X10 闭合时，以 D0 指定的脉冲频率从 Y0 输出 D10 指定的脉冲数；在输出过程中 X10 断开，立即停止脉冲输出，当 X10 再次闭合后，从初始状态开始重新输出 D10 指定的脉冲数。

2）PLSY 指令没有加减速控制，当 X10 闭合后立即以 D0 指定的脉冲频率输出脉冲（所以该指令高速输出脉冲控制步进或是伺服并不理想）。

3）在输出过程中改变 D0 的值，其输出脉冲频率立刻改变（调速很方便）。

4）在输出过程中改变输出脉冲数 D10 的值，其输出脉冲数并不改变，只要驱动断开再一次闭合后才按新的脉冲数输出。

5. 相关标志位与寄存器

M8029：脉冲发完后，M8029 闭合。当 X10 断开后，M8029 自动断开。

M8147：Y0 输出脉冲时闭合，发完后脉冲自动断开。

M8148：Y1 输出脉冲时闭合，发完后脉冲自动断开。

D8140：记录 Y0 输出的脉冲总数，32 位寄存器。

D8142：记录 Y1 输出的脉冲总数，32 位寄存器。

D8136：记录 Y0 和 Y1 输出的脉冲总数，32 位寄存器。

>> **注意** | PLSY 指令断开，再次驱动 PLSY 指令时，必须在 M8147 或 M8148 断开一个扫描周期以上，否则发生运算错误！

四、包装机控制系统

包装机控制系统模型如图 5-57 所示，触摸屏画面如图 5-58 所示。

图 5-57 包装机的控制系统模型图   图 5-58 触摸屏画面

五、材料清单与工具清单

根据电路图填写材料清单与工具清单，见表 5-12 和表 5-13。

表 5-12 材料清单

序号	材料名称	规格与型号	数量	备注
1	漏电断路器	DZ47LE-32	1	
2	熔断器	RT18-32	1	
3	PLC	汇川 H_{2U}-616MR	1	
4	按钮	LA68B	3	红、绿、黄色各一个
5	急停开关	LA68D	1	
6	步进电动机	SH-20403	1	包含控制器
7	触摸屏	TPC7062KS	1	
8	行线槽	30mm×25mm	若干	
9	导线	BVR1×1.0mm^2	若干	

表 5-13 工具清单

序号	工具名称	规格与型号	数量	备注
1	十字螺钉旋具	PH1×75	1	
2	T 型内六角扳手	3mm	1	

（续）

序号	工具名称	规格与型号	数量	备注
3	T型内六角扳手	5mm	1	
4	斜口钳	5号	1	
5	尖嘴钳	5号	1	
6	压线钳	$0.2 \sim 5.5 \text{ mm}^2$	1	

六、线路安装

按照包装机控制系统模型图完成线路安装，具体安装步骤如下：

1）配电单元和系统控制单元线路安装：安装器件有漏电断路器、熔断器、PLC等。

2）输送机构单元线路安装：安装器件有带式输送机、步进电动机、步进电动机控制器等。

3）系统指示灯和按钮操作单元安装：安装器件有指示灯、按钮、急停开关、触摸屏等。

【任务实施】

按下起动按钮后，步进电动机运行，传动带运行到达指定位置后，侧面贴标包装，然后再运行一定的距离，到达底部密封包装区进行包装，完成后送至下一工位。在运行过程中可按下停止按钮，停止工作。制作触摸屏画面，起动和停止均在上面操作进行，同时显示当前包装套数。

按图施工，绘制I/O分配表和I/O接线图，并编写程序实现功能。

【任务验收与评价】

1. 验收细则（见表5-14）

表5-14　验收细则

序号	验收项目	验收标准	自我检验	教师评分（每项100分）	权重
1	产品外观	各元件在网孔板上布局是否合理			20%
2	线路	线路连接是否准确，导线处理是否合理			20%
3	程序编辑	程序编辑是否符合要求			20%
4	测试	能按照求进行演示			40%
5	教师评价总分	（最后算入总评表）			

2. 验收过程情况记录（见表5-15）

表5-15　验收过程问题记录表

验收问题记录	整改措施	完成时间	备注

3. 任务评价

在表 5-16 中，评价结论以"很满意、比较满意、还要加油哦"等方式进行，因为它能更有效地帮助和促进学生发展。小组成员互评时，在你认为合适的地方打"√"。组长和教师评价考核时，采用优（A）、良（B）、中（C）、差（D）四个等级。

表 5-16 任务评价

项目	评价内容	自我评价		
		很满意	比较满意	还要加油哦
职业素养考核项目	安全意识、责任意识强；工作严谨、敏捷			
	学习态度主动；积极参加教学安排的活动			
	团队合作意识强；注重沟通，相互协作			
	劳动保护穿戴整齐；干净、整洁			
	仪容仪表符合活动要求；朴实、大方			
专业能力考核项目	按时按要求完成包装机控制电路安装			
	I/O 分配表及电气原理图正确绘制			
	技能操作符合规范；操作熟练，灵巧			
	布线符合工艺要求，美观，标准化			
	正确编写程序，电路能够实现功能			
小组评价意见		综合等级	组长（签名）：	
教师评价意见		综合等级	教师（签名）：	

4. 工作过程回顾并写工作总结

1）请回忆你在完成"包装机的控制"项目的过程中遇到过哪些问题和困难？你做好记录了吗？你是如何解决这些问题和困难的？从中可以总结出哪些经验和教训？

_____

_____

_____

_____。

2）在团队学习的过程中，项目负责人给你分配了哪些工作任务？你是如何完成的？你对结果满意吗？如果请你对你自己的工作和表现打分，应该是多少分？还有哪些需要和提高的地方？

_____

_____

_____

_____。

3）在此项目的学习过程中，你认为团队精神重要吗？你是如何与小组其他成员合作的？请列举 1、2 实例与大家一起分享。

_____

_____

_____

_____

_____。

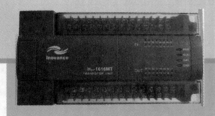

附录

PLC常见故障的检修

【项目目标】

通过本项目的学习，学生应当能够：

1）掌握汇川 PLC 电源故障的检修方法与步骤。

2）掌握汇川 PLC 数据传输故障的检修方法与步骤。

【工作流程与内容】

附录 A   PLC 电源故障的检查与排除。

附录 B   PLC 数据传输故障的检查与排除。

建议学时 24 学时。

附录 A   PLC 电源故障的检查与排除

PLC 面板上的指示灯如图 A-1 所示。与指示灯相关联电源故障有以下几种。

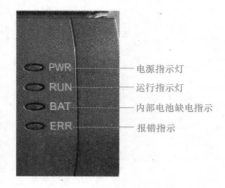

图 A-1   PLC 面板上的指示灯

1. PLC 电源指示灯 PWR 灯不亮

PWR 灯不亮的检修流程图如图 A-2 所示。检修完成后，此指示灯仍然不亮，那么请将"24＋"端子连接线拔出，若此时指示灯正常亮起，表示输入端口的直流负载过大，此种情况下，请不要使用输入端口"24＋"端子的直流电源，应另行准备 DC24V 电源供应器。

2. PWR 灯呈闪烁状态

假如 PWR 灯呈闪烁状态，很有可能是"24＋"端子与"COM"端子短路，请将"24＋"端子的配线拔出，若此时指示灯恢复正常，则故障排除；若指示灯依然闪烁，那很可能 PLC 内的 POWER 电路板出现故障，应寄回生产厂商处理。

3. "BAT" 灯亮

由于存放用户程序的随机内存（RAM）、计数器和具有保持功能的辅助继电器等均用锂电池供电，而锂电池的寿命大约 5 年，所以当这个红色 BAT 灯亮时，表明 PLC 内的锂电池寿命已经快结束了（约剩一个月），此时请尽快更换锂电池，以免 PLC 内的程序及数据（当使用 RAM 时）消失。

4. 更换锂电池步骤

1）在拆装之前，应先让 PLC 通电 15s 以上，这样可使作为内存备用电源的电容器充电，在锂电池断开后，该电容可对 PLC 作短暂供电，以保护 RAM 中的信息不丢失。

2）断开 PLC 的交流电源。

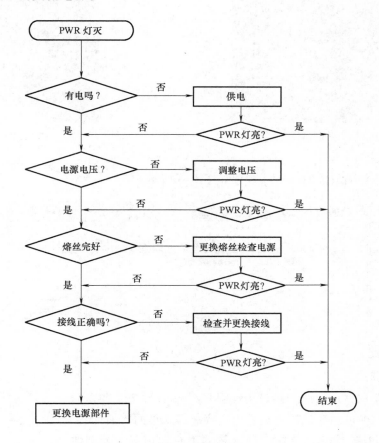

图 A-2　PWR 灯不亮的检修流程图

3）打开基本单元的电池盖板。

4）取下旧电池，装上新电池。

5）盖上电池盖板。

> **注意**　　更换电池的时间要尽量短，一般不允许超过3min。如果时间过长，RAM 中的程序将丢失。假若更换新的锂电池之后，此 LED 灯仍然亮着，那很可能是此部 PLC 的 CPU 板出现了故障，应将 PLC 送还原厂维修。

附录 B　　PLC 数据传输故障的检查与排除

1. RS232 数据通信线的介绍

RS232 是 PC 与通信工业中应用最广泛的一种串行接口。RS232 被定义为一种在低速率串行通信中增加通信距离的单端标准。RS232 串口 PLC 编程电缆有 DB9 孔转 MD8 针接头。DB9 孔接头连计算机 9 针串口，如图 B-1 所示；圆 8 针接头连 PLC 编程口，如图 B-2 所示，此线是 RS232 转 RS422，是用于汇川、三菱品牌所有系列 PLC。

图 B-1　DB9 孔接头

图 B-2　MD8 针接头

2. 故障现象

当发生数据传输故障时，故障现象如图 B-3 所示。

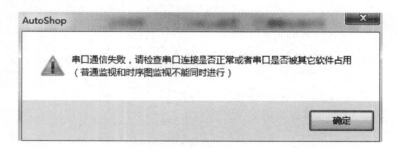

图 B-3　通信故障

3. 故障分析

（1）RS232 数据通信线的接口指针损坏　　由于 RS232 数据通信线一端是 8 针串口，在拔插的过程中很容易拧断里面的插针。

H_{2U} 系列 PLC 主模块包含两个独立物理串行通信口，分别命名为 COM0 和 COM1。COM0 具有编程、监控功能，COM1 的功能完全由用户自由定义。

PLC 主模块整机硬件为标准配置：COM0 硬件为标准 RS-485 和 RS-422 串行口，两者兼容，接口端子为 8 针接口。COM1 硬件

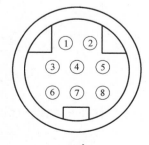

图 B-4　COM0 引脚示意图

为 RS485，接口为接线端子。COM0 引脚示意如图 B-4 所示，各引脚功能描述见表 B-1。

表 B-1　COM0 引脚说明表

引脚号	信号	描述
1	RXD −	接收，低电平有效
2	RXD +	接收，高电平有效
3	GND	地线
4	TXD − /RXD −	发送，低电平有效，若为 RS485，接收，低电平有效
5	+5V	对外供电 +5V，与内部用的逻辑 +5V 相同
6	CCS	通信方向控制线，高电平表示发送，低电平表示接收。在串口为 RS485 时，由 PLC 控制 4、7 引脚是接收还是发送。若为 RS422 时，固定为高电压，4、7 引脚一直处于发送
7	TXD + /RXD +	发送，高电平有效；若为 RS485，接收，高电平有效
8	NC	空脚

从 MD8 引脚接口来看，只有 8 引脚的损坏不影响正常的通信，如果在使用过程中损坏了 1~7 引脚，那么就只有更换通信线了。

在拔插的过程中注意公口和母口相对应，数据线上有拔插方向指示。

（2）通信设置错误　如果 PC 端的通信接口设置与 PLC 不匹配，则两者之间无法实现数据传输，此时应按以下步骤检查并设置。

1）选择计算机与 PLC 连接的数据通信线类型，可以是 RS232 通信线，也可以是 USB 接口，单击图 B-5a 中"测试"按钮，看是否连通，若显示如图 B-5b 所示，则应检查通信线是否连接和选择正确，是否有松动。

2）进行通信参数设置，如图 B-5a 所示，连接波特率设置为"9600"。

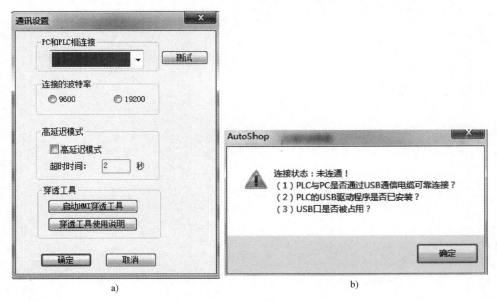

图 B-5　通信测试

参 考 文 献

[1]　杨少光. 机电一体化设备的组装与调试［M］. 南宁：广西教育出版社，2009.

[2]　阮友德. 电气控制与 PLC 实训教程［M］. 北京：人民邮电出版社，2009.

[3]　苏家健，顾阳. 可编程序控制器［M］. 北京：电子工业出版社，2010.

[4]　谢孝良. PLC 原理及应用［M］. 北京：高等教育出版社，2012.